飲食店は"外販"で稼ごう！

オリジナル食品を通販・催事で売る方法

食品企画・開発プロデューサー
大瀧政喜 著

同文舘出版

はじめに

私が個人経営の小さな飲食店を開店させたのは、平成22年のことでした。飲食店の経営は2回目で27年ぶりになります。駅からはゆうに10分はかかる、どちらかと言えば住宅街立地です。

飲食店のデザインとコンサルティングをしてきた私が、もしお客さんから「この物件で飲食店をはじめたい」と相談されたら、間違いなく止めたでしょう。ここで採算ベースにのせるのは不可能ではないが、ものすごい努力が必要な場所だと感じたからです。

55歳の時に開店して、平均睡眠時間3時間、そして無休という過酷な労働環境下で働いて、やっと損益分岐点を越えることができました。

しかし、このような労働環境は店主の命を削るに等しいことだと思います。私の場合はさらにデザイン、食品の商品開発とそのコンサルティングも並行して仕事をしていたこともあり、無理がたたって顔面神経麻痺（ベル麻痺）と帯状疱疹を併発してしまいました。顔の右半分の神経が麻痺して瞬きもできず、ちょうど子供の頃に正月に遊んだ福笑いのような顔になってしまいました。

急遽、臨時休業して通院しました。その後、まだ回復には至らなかったものの、1週間後に営業を再開しました。

働かなければ収入はない、それが個人営業の辛いところであります。

少ししゃべりづらいという後遺症が残り、完治はしていません。

この時に「生きていくためには、独自の商品開発をして、自分が動かなくても売上を確保できる仕組みをつくっていかなければならない」ということを痛感したのです。

また、お店の売上は天候に左右されます。雨でも客数は減りますが、雪や台風なら開店休業です。仕込みと準備をして意気揚々と開店しても、その意に反してお客さんが来ない日も少なくありません。

そのような状況下で、物販であれば天候に関係しないと思いました。店内で1日700円のドレッシングを3本販売すれば、25日営業で5万円の売上アップです。さらに店外の販路を開拓すれば、お店の売上に匹敵する売上も可能になります。


小さな店には、小さいなりの機動性があります。動けば早いが、動かなければまったく動きません。それは、すべてオーナー次第だからです。仕入れをして、下ごしらえをして仕込み、調理して提供、洗い物、掃除、経理等をしていると、開発する時間などないのが普通です。事業として加速するには、経営資源と労力を集約していかなければ効率化ができずに、すべてが中途半端になってしまいます。

正直、目先のことを追うと先のことが遠く見えるようになります。とは言え、目先の売上は必要です。常に矛盾に思えるような課題と取り組まなければなりません。決めたらすぐに実行する、しなければ月日は流れてすぐに大晦日を迎えてしまうでしょう。

2015年9月現在、ベジドレは30の販売店に卸しています（ぜひ「ベジドレ」で検索してみてください）。

自分自身が苦しみ葛藤してきた飲食店の経営・商品開発の過程でしたが、本書で商品開発の実際の実務やノウハウをすべてお伝えしていきます。1人でも多くの方に、経営基盤を支える1品を開発していただくことを切に願っています。

目次

飲食店は〝外販〟で稼ごう！
――オリジナル食品を通販・催事で売る方法

2章 「店内で料理を提供する」ことと「市場で商品を売る」ことの違い

3章 商品開発のヒントはここにある

4章 どんな商品を誰に売るのか マーケットに学ぶ

5章 欲しい！ 食べたい！ 商品をつくる開発 実践ステップ

6章 どのように販路を広げ、売り伸ばすか 営業・販売 実践ステップ

カバーデザイン　谷島正寿
本文デザイン・ＤＴＰ　マーリンクレイン

1章

なぜ、小さな飲食店は商品開発をするべきなのか

飲食店の役割は、料理の提供だけではない

お店の売上に一喜一憂

通常、飲食店の売上には限界があります。それは、売上が「客単価×客数」で決まってしまうからです。台風や大雪に見舞われると、来店客数がいとも簡単にゼロになることもあるでしょう。客数がゼロになれば、いくら客単価が高くても売上はゼロになってしまうのです。

立地にもよりますが、特に小さな飲食店は売上は厳しいところが多いでしょう。手を尽くして集客をするにしても、小さなお店では少人数でランチとディナーの仕込みを行ない、仕入れと接客と会計事務等をこなし、とても時間的余裕はありません。そのような状態で、どうしたら売上を上げられるか、どうしたら安定した経営基盤を築くことができるかと、いつも考えていました。

来店客数が変わらなければ、客単価を上げることが売上を上げるためのひとつの方法であることは周知の通りです。一番簡単な方法は、メニュー構成を変えながら、実質値上げをすることです。でも、「値上げをするとお客さんが減るのではないか」という不安があります。

私の場合は、多くの常連さんから「価格が安い」と言われました。その理由のひとつは、使用している食材と調味料にありました。信頼している生産者から素晴らしい食材を仕入れ、食品添加物を使用していない、昔ながらの調味料を使用していました。

たしかに原価率は高かったものの、一般市場の需給関係に影響されないので、仕入れ価格は安定していました。オマケをいただくことも多いので、むしろ一般で仕入れるよりも結果的には安かったのです。

ランチの価格を900円から1000円、1200円と値上げしていきました。たとえば、1500円の「飛騨牛のサラダ牛丼」や、2800円の「A5等級の飛騨牛ステーキ定食」などを加えて客単価を上げました。

すると、客数は落ちるどころか逆に増えて、来店頻度も増えました（客層の一部が入れ替わりました）。お客さんの90％以上が女性なので、日替わりでデザートメニューを提供したのも功を奏したのでしょう。結果的には客単価と客数が増えて、はじめて損益分岐点を越えることができました。案ずるよりも産むが易しでした。

しかし、話はそこで終わりません。

損益分岐点を越えたら、そのまま伸びていくかと思っていたら、現実はそう甘くはなく、翌月は分岐点を下回りました。自分には経営能力がないと落ち込み、これが「飲食店は水商売」と言われるゆえんだと思い知りました。

無限の販売数が見込める物販のすごさ

そこで考えたのが、料理を提供する以外に、**商品を買っていただく**ことでした。

まず、すぐに実行できることとして、調理に使っている調味料などを店内で販売することにしました。自分が調理に使っている調味料なので、お客さんに対して説得力のあるセールストークができます。賞味期限が長いのもメリットです。

たとえば塩については、うちで使っているものと精製塩を食べ比べていただきました。その差は歴然で、よく売れました。味噌は、味噌汁や味噌漬けに使っていたので、食べて気に入ってくださったお客さんにすぐに購入していただきました。お店で使っているものでも、日常生活に必要なものだからこそ、「おいしい」と感じたお客さんはスムーズに買ってくださるものなのです。

食べ物の他に、「水仕事の多い私たちがお勧めします」というキャッチコピーで、手荒れを保護してくれるオーガニックのハンドクリームも販売しました。商品はレジの近くに置いて、会計時にさり気なく商品説明をするのがポイントです。

仕入れ商品のため粗利は高くありませんが、店で使用しているものなのでロスが出ないのは利点です。

こうした取り組みで物販の感触をつかむことができたものの、店頭販売にも限界がありました。それは**来店客にしか購入していただけない**ことです。

「自分の店の外で販売できれば、さらに売上が増える」

理想は店外でも販売できるようになること、さらに自ら開発したオリジナル商品を販売できれば、より多くの利益が見込める、と考えるようになりました。

レジの横に販売コーナーを設置。
味噌と塩は2日に1個の割合で売れた

「水仕事の多い私たちがお勧めします！」のPOPとともに陳列したオーガニックハンドクリーム（1個1,000円）。1ヶ月の販売数は2〜3個

店外の市場へ売り込めば、売上は無限に広げられる

店外の市場とは?

「店外市場」とは文字通り、店の外の市場のことです。常連さんの会社へ営業に行くのも、近くのお店に商品を卸して販売するのも店外市場です。

ここまでは、店の営業と並行して活動できるでしょう。どのようなお店だったら自分の商品が売れそうかを考えて、販売に向く小売店をリストアップし、商品サンプルと商品の規格書を持って、休み時間や定休日に営業します。

私は当初、自分の店の近くのお店では売れないものとみていました。ところが、隣の産直八百屋でドレッシングを販売したところ、自分の店とは客層が違っていたため、意外なほど売れました。決めつけることなく、まずは試してみることが大切ですね。

店頭はマーケティングの場・販売の訓練の場

売上が期待できる催事での販売を目標に、まずは店頭販売で売上を上げることからはじめましょう。店頭販売は「マーケティングの場」と「販売の訓練の場」として活用します。「練習」ではなく「訓練」です。

店頭販売と催事の最大の違いは、購入してくださるお客さんがおなじみの方か、そうでないかにあります。

店頭販売の場合、面識のあるお客さんが多いので緊張感はさほどないかと思います。ところが催事では、不特定多数のお客さんにどうしたら商品説明を聞いていただけるか、試食をしていただけるか、という課題からはじまります。店頭で試食を勧めれば、ほとんどのお客さんは食べてくれると思うかもしれませんが、催事ではお客さんがたくさんいても、目の前を通り過ぎるだけなのです。まして勧めなければ試食してもらえません。試食してもらえなければ商品も売れません。試食しても売れるとは限りませんが、これが催事販売でほとんど例外なく受ける〝洗礼〟です。

宅配は店外の第一歩

宅配も大切なマーケティングの場となります。昔は出前と言っていましたが、お客さんの自宅や会社などへ商品を届ける機会は、少なくないはずです。

昔は飲食店が出前をするのは当たり前でした。今はピザをはじめ、寿司や中華、釜飯その他の飲食宅配事業が単独で店舗展開しています。それは、十分に宅配需要があることを裏づけています。売上が上がらないからと言って、集客という言葉に惑わされ、集客セミナー等につぎ込む資金があれば、宅配用のチラシをつくり、配達可能な範囲にポスティングしてみましょう。小さなお店は地域に根ざすことが基本です。

私の店でも、来店したお客さんからお弁当やパーティーのケータリングの注文を受けていました。お昼のお弁当の場合は、ランチタイムがはじまる11時半までに配達を終わらせていました。このように、配達時間を限定して宅配には積極的に取り組むことをお勧めします。

宅配専門のチラシをつくって、店頭販売の商品も載せて、配達時にお客さんへお勧めして、どのような反応があるか試してみてください。また、宅配してほしい商品を聞いてみてください。お客さんが欲しいものを聞くのは商売の第一歩で、要望の多い商品は売れる

▶ 外販のステップ

店内で販売

❶ テイクアウト
その他物販（メニューに使用している食材、調味料など）

⬇

店外へ

❷ 宅配（お弁当や野菜の配達など）

❸ 近隣へ営業（常連さんの会社に営業に行く、近くの小売店に商品を置いてもらう）

❹ マルシェで販売

❺ 百貨店等での催事で販売

はずです。

たとえば、お店で使う野菜を多めに仕入れて販売するのも一案です。野菜の販売には営業許可はいりませんので、出前の時、一緒に届けることもできるのです。予約注文にしておけばロスも出ません。私の場合は、生産者から直接野菜を仕入れていたので、予約が取れればいいだけの状態でした。しかし、野菜が売れるには売れるための仕掛けをしなければなりません。

販売するには、チャネル（販売ルート）が必要です。来店したお客さんのメールアドレスや住所をいただければ、それをチャネルとして活かせます。

土曜日・日曜日を中心に各地で開催されるマルシェ（市場）へも、試しに出店してみるといいと思います。出店料はマルシェによってさまざまで、1日数千円程度からあります。売上歩合でしたら16%前後です。お客さんは意外と目的意識を持って来ますので、出店してみることで、限定的ではあっても、消費動向をつかむことができると思います。

さて、現在のお店の売上を超える可能性があるのが、百貨店等の催事で販売することだと思います。期間は最低でも1週間、物産展などは長ければ2週間ほど開催されますので、その期間は店を空けなければなりません。任せることのできる従業員がいれば問題はありませんが、いなければ店を臨時休業しなければなりません。旅費宿泊費等の経費を考えると、まずは、通える範囲内の百貨店へ売り込むことからはじめるのがいいでしょう。

飲食店営業許可があれば、催事で実演販売ができます。最初は催事販売の厳しい〝洗礼〟を受けるでしょうが、諦めてはいけません。私も例外なくその洗礼を受けましたが、自分と商品がどのように世間に受け入れられるかがわかり、非常に興味深い体験でした。

大手にはない個人店の強みを認識せよ

大手に勝てるのは食材・調理

個人店と大手企業との最大の違いは「食材」と「調理方法」だと思います。大手企業が調達する食材は、量も購入金額も相当なボリュームになるので、商社経由で主に海外調達になることが多いようです。

商社は世界中から情報を集めて、量と価格を比べながら取引する国を決めています。輸入野菜は、遺伝子組み換えや農薬についてしばしば問題とされます。牛、豚、鶏の加工肉の輸入では、中国が半分以上を占め、アメリカ産やブラジル産がそれに続きます。肉類で懸念されるのは飼育環境で、抗生物質とホルモン剤の投与と遺伝子組み換え飼料等の飼育方法がとられていることがあります。

普通に外食すると、ほとんどの食事にこれら輸入肉が使われていて、発がん性物質が含まれていたり、アレルギー等を引き起こす可能性があります。

また、今はどの外食チェーン店でも人件費を絞っています。人件費の上昇を含め、人手不足ですから、少人数でも料理を簡単に提供できるように、調理済みの加工食品が多く使われています。だから北海道で食べても、九州で食べても味は変わりません。

個人店はそれを簡単に逆手に取ることができますし、そうすることが大きな差別化、というより〝オンリーワン〟という主張につなげることができます。


2013年に、一流ホテルが食材の産地偽装表示をしていたことで世間を騒がせました。なぜそうした事件が起こるのかと言うと、基本的によい食材の流通量は限られていて、供給のバランスが崩れやすいのです。すると〝代替品〟という怪しげな食材が登場してきます。

大手に供給するには生産量が足りない小規模生産者は、日本全国にたくさんいます。よい食材を生産しても、規格（たとえば袋に入るサイズ）に合わなければ、機械的に規格外にされて売れなくなります。

私は、このような小規模生産者の自然栽培、有機栽培、さらにはできる限り農薬を使わない野菜を仕入れています。そして、野菜には旬があり端境期もあります。野菜が採れない時に、無理して代替品を調達してそのメニューをつくることはしません。「ない」のが自然だからです。旬を伝えるのも飲食店の大切な役割だと思っています。

これに対して大手チェーンは、食材を仕入れられないからと言って、急に各オペレーションを変えることはできません。コストも生産工程も徹底的に管理され、全店で提供するメニューの調理オペレーションに大きく影響するからです。

小さな飲食店でも大手と同じように、一度メニューを決めたら、是が非でも食材を調達しようとする傾向があります（開業前の修業先の影響もあると思います）。

けれども旬を念頭におけば、「食材ありきのメニュー」を考えればいいはずです。しかし、メニューをつくり直すのが面倒だったり、仕入れは業者任せだったりで、小さなお店の最大の武器である小回りが利かなくなっているのが実情だと思います。

また、小さなお店だと、近所や業務スーパーでの調達が主になり、よい食材がなかなか入手できないことも、メニューを変えられない原因のひとつです。

個人のよさをできる限りアピールする

すべての商品がよい、すべてのメニューがよい、それが理想かもしれませんが、現実は難しいと思います。食材はみな生き物だから、天候に左右されますし、厳密に言えば、小さなお店のメニューはほとんどが手づくりなので、調理人の体調や感情にも左右されるでしょう。

他の店と同じ種類のメニューであっても、自分のお店のメニューはもっと尖（とんが）ったものにしてください。尖るとは、オリジナリティーを持つことです。オリジナリティーを持つためには、改良を続けることが必要です。一度決めたメニューを改良することなく、新しいメニューをつくっていこうとする気持ちはわかるのですが、すると、人気メニューだけが定番として残り、ある意味では料理が進化しないことになってしまいます。改良していけば、誰もが簡単にはマネのできない領域に入っていくはずなので、「もったいない」と感じてしまいます。必ずしもすべてではありませんが、それこそが小さなお店のよさを最大限に活かせるところのはずです。


「〇〇〇を食べるならここの店！」

「△△△を食べるならあそこが一番！」

小さな飲食店はこれをめざすべきです。店外販売をする時のブランドイメージにも威力を発揮します。これこそが繁盛店であり、老舗の狭き入り口に通ずる鍵だと思います。そして、ここから商品を開発していきます。

半径500メートルを商圏と考えるなら、「500メートルの範囲外の人に来店いただくのは難しい」ということになりますが、実際には想定した商圏外から来店してくれるお客さんがいます。

私の考えでは、商圏というのは物理的な距離とは関係ありません。来てもらえるだけの「動機」によって決まるものだと考えています。ですから、東京で営業しているお店であっても、北は北海道から南は沖縄までが商圏です。そして、これから外販で売上を伸ばしていこうと考えているのなら、「商圏は全国」と認識してほしいと思います。

愛知県・伊良湖岬の「ニューいらご」は、オーナー小久保さんの料理に惹かれて、常に旅館グルメランキング上位に入る人気の宿。小久保さんの料理は、食材に対する目利きと、それを活かす独自のアイデアに溢れていて、遠くからでも行って食べてみたくなる動機を創り出している

ニューいらご：愛知県田原市伊良湖町宮下3000-17

「安全な食」が求められている

生ユッケ事件やホテルの食材偽装事件など、残念ながらそこには、単なる企業の利潤追求の身勝手、かつ消費者を無視した姿勢しか見えませんでした。本来、生命に関わる飲食という観点からすれば、これらの企業は飲食業を営んではならないと思います。

事件は食材のことしか表面化しませんでしたが、添加物や残留農薬の問題もその裏に隠れています。たとえば、食品添加物は1種類ごとに使用量が法的に規定されていても、実際にはひとつの加工食品に何種類もの食品添加物が入っていて、複合された状態での検証は一切行なわれていないのが現状です。この状況を意識する消費者が少しずつ増えているのを、販売を通じて感じています。

私の店の近くには保健所があり、そこで行なわれる講習会の後に、妊婦の方々がグループで昼食を食べに来店されました。無農薬野菜、化学調味料不使用、その他の添加物（添加物表示の省略を認められたキャリーオーバーを含む）を使わずに料理を提供していたので、妊婦の方も安心して食事をしていました。子供連れのお客さんも多く、あらためて食の安全の重要性と需要と供給体制を考えさせられました。ここで言う需要と供給とは、妊婦が安心して食べられる飲食店が少ないということです。

小売が求めつつあるモノも「安心な食」

各地の百貨店等の催事に行くと、担当者から「自然栽培」「有機栽培」「無農薬」という言葉をよく聞くようになりました。そのお陰で、特に新規取引先の場合は、私たちの生野菜ドレッシング「ベジドレ」に非常に興味を持っていただいています。

皆さんも気づいていると思いますが、どこの百貨店に行っても同じような品揃えで、変わり映えしないのが現状です。だから、百貨店は差別化された商品を望んでいます。

私たちの「ベジドレ」は、有機栽培の野菜を中心に使っています。有機栽培であればいいのかと尋ねられたら「ＮＯ」と答えます。それは何でも有機肥料を使えばいいというわけではありません。有機肥料自体の質の問題や、たとえＪＡＳ規格の有機栽培でも、建前は無農薬でも使用可能な農薬が定められています。使う・使わないは生産者の自由ですが、厳密に言えば有機栽培＝無農薬ではありません。また、無農薬の表示は、農林水産省の表示ガイドラインで禁止されています。ただ、罰則規定がないため無農薬表示がまかり通っています。いずれにしても言葉だけが一人歩きしている印象です。原材料に野菜を使うのであれば、正しい知識を身につけなければなりません。

商品のキーワードとしては、「有機栽培」「自然栽培」「遺伝子組み換えの有無」「食品添加物の有無」があります。そして、賞味期限の裏づけデータとしての「微生物検査」と「官能検査」そして、商品によっては「理化学検査」があります。少なくとも一般生菌数、大腸菌群、大腸菌を検出する微生物検査（一般生菌検査）と、味を調べる官能検査は必須です。

官能検査とは、実際に食べて味や風味を判断することです。賞味期限は、菌数が少ないからいいわけではなく、実際に食べられるレベルの範囲内でなければなりません。

他社の製品と内容がほとんど同じだから、その製品と同じ賞味期限にしようと考える人もいるようですが、どのような殺菌処理をしているのかまでは表示されていないので、参考にするのはとても危険です。

昔は食品添加物がなかったわけですから、ないことを前提に商品開発をすれば、これから求められているキーワードに合致する商品ができます。

素材にトコトンこだわれ！ ①自ら生産者を探せ

小規模生産者を探す

オリジナル商品を開発する一番のポイントは、味を左右する原材料です。大手メーカーは大量に商品を製造するため、常に原材料の安定供給が必要条件となります。原材料が入荷しなければ製造ラインが止まってしまい、大きなロスとなります。

もちろん、私ども零細メーカーにとっても原材料の安定供給は必要ですが、先ほど書いたように原材料の質を優先させます。

たとえば、原材料の野菜を地元の八百屋で買ってもいいのですが、その八百屋の方がどこまでこちらの要望を聞き入れてくれるかがポイントになります。産地が特定できても、どのように栽培されたかまではわからないことが多いのです。生産者が手塩に掛けて育てた野菜でも、全国規模の流通にのるためには、規格という枠を通らなければ市場へは出荷されません。大規模生産者の野菜と小規模生産者の野菜とでは、自ずと掛ける手間や栽培品種が違ってくるのは当然です。

悲しい現実ですが、規格を通らない手塩に掛けた野菜は、生産者自身で販売、もしくは処分しなければなりません。たとえば、用意されたネットにジャストフィットしないオクラのサイズはすべて規格外となります。大きいのも小さいのもダメです。その一方で野菜が足りないと言って、海外から大量に輸入されている現実に矛盾があります。

規格に合わない野菜は、全国にたくさんあります。自ら生産者を探せば、市場価格よりもよいものが安く入手できます。

探せばいいと簡単に書いていますが、それは店に行って買うよりも遙かに手間がかかります。しかしそれは最初だけで、見つかれば継続的に安心して仕入れることができるようになります。

私の場合は、知人、友人その他の人脈に紹介してもらう、ネットで検索して問い合わせをする、マルシェや展示会へも積極的に行くなどして生産者を探します。地方自治体に問い合わせるのも一手です。

まずは動くことです。動かなければ何もはじまりません。

私がこれまで食べた中で最もおいしいと感じた人参（彩園ノムラ産）と水菜。緑色が濃く、茎は太い。驚くほど生命力に溢れている。

生産者から安心・新鮮な野菜を仕入れることで、商品の完成度が高まり、仕入れ原価が安定する。ただし、同じ野菜が1年中あるわけではないため、複数の生産者を探す必要がある（「限られた時期しかない＝旬」ことが付加価値にもなる。「ベジドレ」は、野菜の旬に合わせて期間限定のドレッシングを生産している）

生産者とハッピー－ハッピーの関係をつくる（相互に応援）

生産者が見つかったら、まずは生産物を取り寄せます。会いに行くのが一番いいのですが、時間と費用（旅費交通費）の問題もあります。野菜なら畑を見ながらその場で試食させていただき、話ができたら最高です。これが本当の顔の見える生産者との対話です。

私がレストランをはじめた時は、野菜はすべて生産者から仕入れました。生産者との対話を密にして栽培方法等を聞き、素性のわかる野菜だけを使いはじめたわけです。

仕入れは価格だけの問題ではないと書きました。左ページの神戸牛専門店の「旭屋」と生産者はまさに「ハッピー－ハッピー」の関係です。その関係こそがお客さんをハッピーにすることができるのです。これまでよく言われてきた「ウィン－ウィン（Ｗｉｎ－Ｗｉｎ）の関係」は、いったいどこに勝つための関係なのだろうと私は疑問に思っていました。

つくった作物が規格に合わず、売れない状況はどう見てもアンハッピーです。私たちが生産者の手塩に掛けた野菜等が使えないのもアンハッピーです。情報発信できる小規模生産者はほんのひと握りですので、私たちが探さなければなりません。生産者とハッピーな関係ができれば、商品開発にも拍車がかかります。消費者もハッピーになれると信じています。

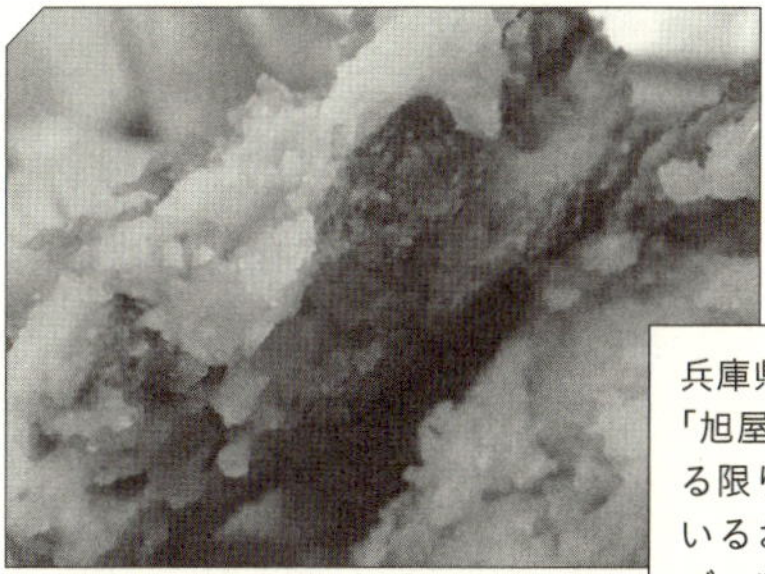

兵庫県高砂市にある老舗の神戸牛専門店「旭屋」の神戸牛コロッケ。私が知り得る限り、コロッケでここまでこだわっているお店は他にはない。ジャガイモはゴールデン男爵とレッドアンデスを使い、そこにサイコロ状に切った神戸牛を入れている。最高級神戸牛を惜しげもなく使った1日限定200個の「極みコロッケ」はただ今10年待ち。

すべて自社生産で、文字通り手づくり。野菜はすべて地元の生産者と契約していて、全量を買い入れて地域の活性化に貢献。使用する神戸牛も頻繁に牧場まで行って、飼育状況などを牧場主と話している。

名産神戸肉旭屋：兵庫県高砂市伊保港町1-8-13

素材にトコトンこだわれ！ ②調味料の吟味は、最重要課題

厳選した原材料の次は、調理方法と味付けが重要な要素になります。特に調味料を厳選することをお勧めします。

たとえば、醤油であれば遺伝子組み換えではない大豆と小麦と塩だけが原材料として表示されているものを推奨します。できれば樽仕込みで1年以上熟成したものがいいでしょう。

調味料の中でも、特に塩は重要です。塩と言えば、残念ながら精製塩がまだまだ多く使われています。精製塩は、塩化ナトリウムが全体の98％以上を占め、ミネラル分がほとんどない酸化力の強い塩です。簡単に言えば、酸化とは老化することとです。私たちが選ぶ塩は、塩化ナトリウムの含有量が少ないもの、さらにはミネラル成分のバランスがよいことがポイントです。血液などのミネラルバランスは海水とほぼ同じであるため、塩は人にとって重要な調味料なのです。涙も汗もしょっぱい理由がわかるでしょう。

シーラン株式会社の「マグマ塩」

株式会社美味と健康の「わじまの海塩」

岩塩は概して塩化ナトリウムの含有量が多いのですが、唯一、抗酸化力（還元力）を持つピンク色の岩塩がヒマラヤにあります。私は胃の調子が悪い時に水に溶かして飲みます。ネパールでは、胃薬として処方されるようです。

調味料を決定するにあたり、自分の舌で食べ比べすることが大切だと思います。ただし、自分の体調によって感じ方が左右されるので、何回か試してみることをお勧めします。

食品添加物を使わない

日本の食文化が体系化したと言われる江戸時代には、さまざまな料理のレシピ本が書かれました。当然ながら、今のような便利な食品添加物はありませんでした。食品添加物を使用することによって再現性（味の均一化）や見た目（着色料）と保存性が高まり、製造コストも下がり、メーカーや販売店にはいいことずくめです。

一方で、毒性や健康への影響について検証されてきました。

江戸時代の文献を見ながら昔の料理をつくるのは私のロマンであり、そこには先人の知恵で食品を保存する術がありました。もちろん、当時は食品添加物としての保存料等がありませんでした。

創業明治2年（1869年）の老舗すき焼き店「伊勢重」（東京都中央区）は東京一古いすき焼き店。日本で氷冷蔵庫が登場した明治36年頃（1903年）以前は、井戸の中冷所で肉を保管していたが、やはり牛肉は変色。そこで「伊勢重」初代店主が考案したのが牛の佃煮。常温保存での賞味期限は3ヶ月。当然のことながら食品添加物や保存料は一切添加していない。

佃煮の起源は諸説あるが、いずれにしても江戸時代に考えられた海産物を長期保存するための調理法。砂糖と醤油で煮つけられていて、かなり塩分が効いている。江戸に参勤交代で来て国元に帰る時にお土産で佃煮を購入したことから、全国に佃煮が普及したと伝えられている。昔ながらの伝統的な調理法を応用すれば、添加物なしで商品がつくれることを実証している。

伊勢重：東京都中央区日本橋小伝馬町14-9

2章

「店内で料理を提供する」ことと「市場で商品を売る」ことの違い

私たちが開発したドレッシング「ベジドレ」

安心、安全な素材だけを使用

まず、私たちが開発した「ベジドレ」を紹介させてください。

現在、小売店用に120ミリリットルガラス瓶（税込432円）と200ミリリットルのペットボトル（税込756円）と、飲食店への業務用1800ミリリットルをラインナップしています。

定番フレーバーは、バジル、人参、赤タマネギ、熟成タマネギ、有機胡麻、ほうれん草の6種で、柚子やレモン、へべす等の季節の柑橘と京人参を期間限定で販売しています。

また、200ミリリットルサイズ限定で販売している有機パクチーが大変人気です。実は2015年2月に発売したのですが、当時は輸入品を除いて私たち以外に生パクチーのドレッシングを製造しているところはありませんでした。

「ベジドレ」200mlボトル。左から赤タマネギ、バジル、人参、柚子、熟成タマネギ

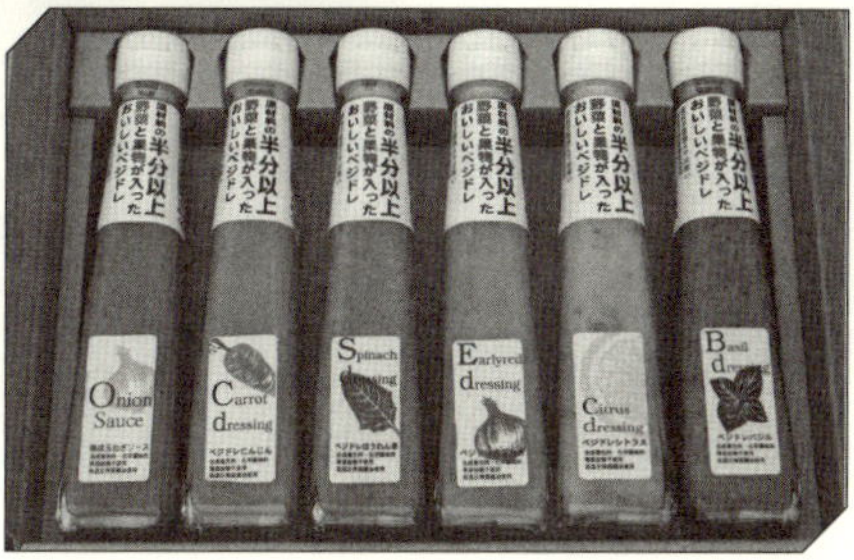

120mlボトル

これからの発売予定としては、国産無農薬ライム、自然栽培のクレソンがあります。

原材料の半分以上を占める野菜は、契約農家をメインに、有機ＪＡＳ認証野菜等を使用しています。調味料も無添加でキャリーオーバー（原材料に含まれる成分のうち、微量なため、食品添加物表示が免除された成分）も確認済みの国産品を使用しています。蜂蜜は中国産レンゲ蜂蜜（ＨＡＣＣＰ、抗生物質検査、異性化糖混入検査、規格適合）を使い、油は遺伝子組み換えではないオーストラリア産菜種を国内で低温圧搾した菜種油を使用しています。

現在、全国30数ヶ所（２０１５年８月

現在）で販売しています。

「ベジドレ」は半分以上が野菜と果実で、油が三分の一以下なので、ドレッシングというより、野菜のソースとして応用できます。

商品をわかりやすく販売するために、レシピ提案も欠かせません。２０１５年３月には、ファミマ・ドット・コムより『食べる 野菜生ドレッシング おかずレシピ』というレシピ本が出版されました。

ドレッシング以外には、スパイスとナッツと海塩を調合した「ナッツとゴマのスパイシーソルト」や、こだわりの仙台川熊味噌、わじまの海塩、マグマ塩等を販売しています。また、日本初の商品として深谷もやしを特殊な下ごしらえで乾燥させてつくった「たたみもやし」を販売しています。

「ベジドレ」で使用している
菜種油の製油所。昔から使い
続けている搾油機

お湯で何度も洗い、汚れた水と油が分離
し、上の油を取ってはまたお湯で洗う……
ということを繰り返し、左の状態から、右
の市販用の油となる

店外で売れるのは、どんな商品か

お店で料理を提供することと、小売店で商品を販売することには大きな違いがあります。

店内であれば、料理についてつくった人がお客さんに直接説明ができますし、質問にもその場で答えることができます。ところが小売店で販売する場合は、すべて販売員に委ねることになります。

また、店内では食べることができますが、小売店では、試食を行なわない限り、味見をすることができません。つまり、店外では**中身ではなくパッケージ等が大きなウエイトを占めます**。

最も大きな違いは、店内ではお客さんの好みに合わせてアレンジできるということです。

たとえばキノコの入ったメニューがある場合、注文されたお客さんがキノコが苦手なら、調理する時にキノコを入れなければこと足ります。しかし、パッケージされた商品ではそれはできません。

「一対一」と「一対多」の違いがあるのです。

お店で提供する料理に専門的要素がある場合、たとえば蕎麦やラーメンは大手食品メーカーの参入が多いために、商品化を諦めている方も多いかと思います。

先日、蕎麦屋さんから商品開発の相談を受けました。「お客さんから蕎麦つゆがおいしいと言われるので、蕎麦つゆを商品化したい」という話でした。確かに鰹の風味が豊かなつゆでしたが、このレベルのつゆでは差別化が非常に難しいのです。3章で詳しく書きますが、競合も多いので、**単においしいからといって売れるとは限らない**のです。

売る人、買う人のバランス

法的な許認可を別にすれば、誰でも商品を開発して製造販売することはできます。しかし、製造できたとしても、売れるかどうかはまったく違う次元の話になります。商品の売買の根本にあるのは需要と供給の問題だからです。つまり、商品を購入する人がいるから商いが成り立ちます。商品の状態や価格などの条件もありますが、基本的にはどのような人が買うのかに尽きると思います。

ンを購入する人のことを考えてみましょう。朝食用のパンとして、スーパーで大手メーカーのパンを購入する、焼きたてにこだわって街のベーカリーで購入する、ホームベーカリーで手軽に自家製パンをつくる、自分で粉をこねてオーブンで焼く……さまざまな選択肢があります。

あなたが自家製パンを販売しようとしたら、「大手メーカーのパンを購入する人」がお客さんになる可能性は、限りなく低いはずです。「街のベーカリーで購入する人」がお客さんになると推測するのが普通ですし、パンに特徴があれば、「自家製パンをつくる人」も購入してくれる可能性が高いでしょう。

パン自体は購入層の広い商品ですが、使用する原材料や技術的な要素によって購入層が分かれる商品でもあります。これはパンだけでなく、他の商品にも当てはまります。

商品は購入したい顧客に販売する、逆に言えば購入したいと思われるような商品をつくる、このバランスを読み取れるかが、商品開発の鍵だと思います。

先の情景、すなわちクチコミ

ジャパネットたかたの前社長・高田明氏のセールストークを聞いたことがあるでしょうか。いつ見ても、素晴らしい切り口で商品を紹介する様子に感じ入っていました。

私の考えでは、高田前社長は商品を売っているのではなく、**商品を買ったお客さんの、その先の情景を売っている**と考えます。

これを飲食店に置き換えると、どうなるでしょうか？

飲食店の場合、お客さんの先の情景はすなわち、他の人にその料理からの感動を伝えたい状態だと考えます。これがクチコミだと私は思っています。では、そのクチコミが発生するために必要な要素は何でしょうか。

味、香り、色、ビジュアル、シズル……ここまでは料理人として思いつきやすい要素ですが、逆に言えば、同じことを考える競合が多いことにもなります。競合が多いということは、印象に残りづらい料理になってしまう、つまり、クチコミが発生しないのです。

印象に残るには、ものすごいインパクトをいかに料理や商品に持たせるか。ちょっとオーバーな表現ですが、**衝撃的食体験**ということになります。

インパクトと聞いて思い浮かぶのは、巷によくある「メガ盛り」ではないでしょうか。1キロのカレーライス、パテが10枚挟まれているタワーバーガー、海老が丼からはみ出している天丼などは、たしかに話題になりやすいと思います。だからと言って、私たちのような小さな飲食店で無造作に取り入れると、一気にイメージダウンにつながりかねません。

私たちが追求すべきインパクトとは、見た目のインパクトだけではなく、「**見た目と食べた時のギャップによるインパクト**」だったり、「**盛りつけや切り方等の見せ方**」です。

これらはすべて食体験です。

最近発売された「ご飯にかけるギョーザ」は、見た目と食べた時のギャップが大きい商品の一例ですが、ネーミングにもインパクトがあります。また、通常の餃子のイメージから、瓶詰めされた餃子は想像がつきません。このようなギャップはクチコミを生む要素になります。しかも、手ごろな価格であれば、話の種として友人知人への手土産として購入される確率が高まります。

一般小売店への卸販売を意識する

小売店は何を求めているか

これから商品を開発して店内販売の他にも広く外販するには、小売店に卸すことを考えなければなりません。1店舗で1日1個販売したら、1ヶ月25日営業として単純計算で25個売れます。販売店が10店舗あれば250個、100店舗あれば2500個になります。1個500円で卸したら125万円の売上になります。

日本全国48都道府県ありますが、各都道府県に平均2店舗の販売店を探して卸せば、計算上は達成できる数字です。交通費などを考えると、実際に営業することは現実的ではありませんが、目標として達成不可能ではない店舗数であり、モチベーションを高める、魅力的な数字です。10店舗で12万5000円ですので、小さなお店にとっては大きな収入源となります。

しかし競合がある中で、1日1本販売するのはなかなか大変なことです。

さて、その売上を確保するには、**小売店が何を求めているか**を分析しなければなりません。

第一に、小売店も集客したいので、売れる商品を求めています。かつて食べるラー油ブームがありましたが、ブームになってしまうと小売店も入手が困難になります。ブームが峠を越えた頃に商品が入手できるようになりますが、その時は既に衰退期に入っていますので売れなくなっています。

ヒット商品は短期的には大量に売れますが、常連のお客様が買う可能性は高くありません。**小売店は少量でもコンスタントに売れる商品を探しています**。つまり、**お店のファン（応援客）をつくってくれる商品を望んでいます**。

⬡ 共通点を持つ小売店を探そう

小売店のファンをつくってくれる商品とは、お店の常連さんがどうしても食べたいメニューと同じであると考えてください。

私が最初に「ベジドレ」を店内で販売した時は、常連さん以外にはランチでベジドレをサラダにかけて食べたお客さんが購入しました。初来店のお客さんに対してインパクトがあったようです。これはお店が、同じ嗜好を持ったお客さんを集客していることを実証しているのではないかと考えました。

とにかく最初は、店内で売れるようにPOP等も考えながら全力で販売してください。もちろん、料理を出す時にはお客さんに商品の説明してください。私の場合は、ベジドレの特徴である、「食品添加物無添加、合成着色料不使用、化学調味料不使用であること」や、「有機栽培や自然栽培の野菜が原材料の半分以上のドレッシングであること」を伝えました。

ベジドレはパステルカラーのドレッシングで、それだけでもインパクトがありましたので、お客さんの好奇心を刺激することができました。この店内販売で得た経験とデータは、小売店でのプレゼンテーションで大いに役立ちました。

販売先となる小売店を探す時は、どこでもいいというわけにはいきません。実際に小売店を訪れて、お店の商品構成や雰囲気、訪れるお客さんに共通点を感じたら、オーナーや店長と話をします。自分がどのようなこだわりを持って商品を開発したか、お店で販売した時のお客さんの反応や販売状況も話すことが肝心です。同じ嗜好の常連さんであれば、売れる確率は高いでしょう。

飲食店営業許可では、テイクアウトのみ許可される

飲食店営業許可でできること

飲食店の営業と、店外販売とでもっとも異なるのは、**営業許可の有無**です。

今、営業中のお店なら、開業時に所轄の保健所で飲食店営業許可を取得しているはずですが、その営業許可の範囲は「店内飲食」と「テイクアウト」です。メニューとして提供している料理は、基本的にすべてお持ち帰りいただくことができます。言うなれば、飲食店の物販のはじまりと考えることができるでしょう。

私のお店では、料理のテイクアウトは期待するほど多くはありませんでした。ファーストフード店のように「テイクアウト用の窓口」が用意されていたり、持ち帰れることがはっきりと表示されたＰＯＰなどがないと、持って帰ろうという気が起こらないのかもしれま

せん。このため、テイクアウトのほとんどは常連さんでした。お弁当の注文は一定数ありましたが、注文されるのは、ほとんどがお店で飲食されたお客さんでした。

外販で売上を伸ばそうとすれば、次に考えるべきなのはネットショップでの販売です。インターネットが普及して、ネットショップを運営している飲食店を多く見かけますが、**お店で調理した商品を販売する場合には、「そう菜製造業」の営業許可が別途必要**になります。ネットショップのシステムはすぐにレンタルできるので、通販は簡単にはじめられますが、飲食店営業許可だけでは食品衛生法違反となる可能性があるので注意してください。

ただし、自分で調理せずに商品を仕入れて販売する場合でも、取り扱い商品によっては、該当する営業許可を新たに取得する必要があると思われます。

私のネットショップの特定商取引に関する法律に基づく表示では、取得している3つの営業許可を表示しています。「飲食店営業」「そう菜製造業」、そしてドレッシング等を製るための「調味料等製造業」の営業許可です。

、テイクアウトの場合、原材料表等の表示義務はありませんが、製造責任の所在を

▶消費期限表示の例

本日中にお召し上がり下さい

2015. 9. 25

やさい料理夢
03-5980-8701

提示する意味で、日付と「本日中にお召し上がりください」と書いたシールを貼ることをお勧めします。このシールには決まったフォームはありませんが、表記方法に決まりごとがあります。59ページで詳しく書きますのでご参照ください。

テイクアウトできる商品の範囲

テイクアウトとして販売できる商品は、メニューに書かれた商品であると書きましたが、**開栓前のアルコール類は除きます**。酒類を販売するには、酒屋と同じ**酒販免許**が必要です。なお、酒販店免許は所轄の保健所ではなく税務署の管轄です。

私の店では各種カレーのテイクアウトが多く、持って帰るまでに容器の蓋が外れる可能性があったり、食べるまでにどのように保管するのかわからないことから、カレーを真空パックにして冷蔵状態で販売をしていました。後々、店外で販売することも考えて、パック詰めをしていたのです。

テイクアウトで心配になることは、**お客さんにお渡ししてから、どのような状態で保存されるか**ということです。これによって料理の状態が左右されます。食中毒が起こる確率はゼロではないので、販売する時に保存方法や消費期限を伝える、もしくはシールに印字してパックに貼ることが肝要です。

インターネットを含めて店外で広く販売するようになると、お店でのテイクアウト以上に**広範囲で不特定多数の方へ販売**することになります。想定外のことが起こりやすい状態になるので、細心の注意と準備が必要となります。

クレームや問い合わせはあるものと考え、事前に対処法を考えておく

私が販売しているドレッシングは、「冷蔵保存」とシールに明記しています。裏を返せば、冷蔵保存しなければ品質を保証できないということです。

一度だけ、お客さんから保存について電話で問い合わせがありました。「催事で購入したドレッシングを自宅へ持ち帰り、袋に入ったままの状態で室内に10日間置いてしまったけれど、ドレッシングを使っても大丈夫ですか」と尋ねられ、冷蔵保管を明記していますので、丁重に廃棄していただけるようお願いをしました。

賞味期限と野菜の産地についての問い合わせも多いです。賞味期限については、シール

▶「飲食店営業許可」でできること・できないこと

OK	NG
店内で調理する料理のテイクアウト	ネット通販では惣菜製造業許可が必要
店内で焼くパンやケーキのテイクアウト	ネット通販では菓子製造業許可が必要
飲み物のテイクアウト	未開栓のアルコール飲料については酒販免許が必要

に明記しているのは「未開封での賞味期限」で、開封後はお早めにお召しあがりくださいと答えています。このことは、商品に貼ってあるシールにもきちんと明記しています。

このような問い合わせについては、あらかじめ対処方法をはっきり決めておき、スタッフと情報共有しておくことが肝心です。通販や催事などでの販売が本格稼働したら、多くの問い合わせが寄せられ、中には想像できないような質問もくると思いますので、普段からシミュレーションしておくことをお勧めします。返品・返金や交換等の規定もつくっておく必要があります

販売品目、販売形態ごとに営業許可が必要

外販に必要な営業許可

飲食店営業許可の範囲で、料理もパンもケーキも飲み物もドレッシングもすべてテイクアウトとして販売することができます。しかし、店の外や通販で販売するとなると、新たに該当する営業許可が必要となります。店の外とは軒先ではなく、別のお店での販売や卸売りを指します。

料理等であれば「**そう菜製造業**」の許可が必要です。パンやケーキであれば「**菓子製造業**」、ジュースやコーヒー等は「**清涼飲料水製造業**」、そしてドレッシング等は「**調味料等製造業**」の許可が必要になります。

完成品を仕入れて販売する場合には、これらの営業許可は特に必要ありません。自分でつくったものを売る場合は食品衛生法に基づく営業行為となるので、外販をはじめる前に

必ず所轄の保健所と相談してください。

特に制限される料理と許可

飲食店で提供する料理でも、店外物販となると制限される料理があります。たとえば、自家製のハムやベーコン等の燻製は、飲食店営業許可でテイクアウト販売することはできますが、店外で売る場合やインターネット通販では販売できません。この場合は**「食肉製品製造業」**の許可が必要となります。

「食肉製品製造業」の許可を得るには、厚生労働省所管の国家資格である「食品衛生管理者」資格が必要で、ハードルが高い営業許可です。食品衛生管理者になれるのは医師、歯科医師、薬剤師や獣医師の資格を保持しているか、厚生労働省の登録を受けた養成施設で所定の過程を履修した人などです。１日の講習で取得できる「食品衛生責任者」とは別の許可です。

パンやケーキ等の菓子類についても、テイクアウトではなく本格的に物販として外販しようとすると、「菓子製造業」の許可が必要になるので、設備面で飲食店との両立は難しいと思います。

特殊な営業許可

物販の中でも特殊な営業スタイルは、**キッチンカーによる販売**です。「飲食店営業許可」等があれば、車を改造してキッチンをつくり、車中で調理をして販売することができます。ただし、販売する地域ごとに所轄の保健所での申請・許可が必要になります。たとえば、東京都内での販売を望むのなら、都内の保健所で営業許可を取れば、東京都全域で販売することができます。しかし、他県で販売するには、その県でも許可を取らなければなりません。

車を改造してキッチンカーをつくる際には、実店舗と同様、設計図面を持って事前に保健所へ相談に行くのが許可取得の近道です。もちろん、所轄の陸運事務所での車検も必要です。

キッチンカーでの販売は夢があっていいのですが、都内の場合は販売する場所を確保するのに一苦労するでしょう。最近は出店場所を斡旋してくれる業者があったり、マルシェ等のイベントでの販売に申し込むこともできます。

狭い車中、空調の不十分な状況での調理になるので、お店で営業するよりも大変なこと

▶ 店外販売する商品と営業許可

商品	必要な営業許可
店内で調理する料理	そうざい製造業
ベーコンやハム、ソーセージ等	食肉製品製造業
店内で焼くパンやケーキ	菓子製造業
アイスクリーム、シャーベット等	アイスクリーム類製造業
ドレッシング等の調味料	調味料等製造業
麺類	めん類製造業
餃子、コロッケ、ハンバーグ等の惣菜半製品	そう菜半製品等製造業

が多いと思います。ただ、人が多く集まる場所で販売すれば知名度アップにつながるかもしれません。ゲリラ的な宣伝活動として捉えるなら有効だと思います。

賞味期限の決め方

賞味期限、消費期限は製造者責任となる

賞味期限とは、未開封の状態で、表示されている保存方法に従って保存した時に、**おいしく食べられる期限**のことを指します。

一方、消費期限とは、未開封の状態で、表示されている保存方法に従って保存した時に、**食べても安全な期限**を指します。お弁当などは消費期限、加工食品は賞味期限を設定するのが一般的です。

賞味期限や消費期限の設定は、製造者に一任されています。つまり、製造した者が自ら賞味期限や消費期限を、責任を持って決めることになります。言い換えれば、**自ら製造責任を負いなさいということ**です。

まず考えるべきは、「常温」「冷蔵」「冷凍」のうち、どの保存方法を選択するかです。

調理をされている方にとっては常識ですが、通常は仕込んだ料理は一気に温度を下げて、菌の繁殖しやすい温度帯をできるだけ早く抜けて保存します。そして冷蔵保存するのが一般的な保存方法です。

ただ、お店で提供するのとは違って、外販では容器に入れなければなりません。その容器に入った料理がいつまでおいしく食べられるかを考えて、賞味期限を設定しなければなりません。細菌が繁殖すれば腐敗して味が変わってしまいます。その目安は微生物検査でわかりますが、菌数が規定値内でも味や風味は落ちますので、検査期間をいくつか設定して同時進行で試食をしながら確認しなければなりません。「微生物検査」でネット検索すれば検査機関を探すことができます。

冷凍保存にすれば一気に賞味期限が伸びますが、店頭以外で販売する場合、冷凍食品は**「食品の冷凍及び冷蔵業の営業許可」**を取得しなければならないとされています。名称が冷凍食品であれば前記の営業許可が新たに必要となります。しかし、**流通のために商品を冷凍させた場合は、「冷凍流通品」の扱い**となり、新たな営業許可は必要ありません。ここがややこしいところです。

常温保存となると、作業的にはハードルが一気に上がります。

▶保存方法と特徴

保存方法	特徴	保存期間
冷蔵	加熱後冷蔵	短い （ベジドレの場合は、6ヶ月まで一般生菌300未満）
常温	加熱後充填/ホットパック	6ヶ月前後
	ボイル、加圧加熱	6ヶ月前後
	レトルト殺菌	1年前後
冷凍	「食品の冷凍及び冷蔵業の営業許可」が必要	1年前後 （食材・温度帯により異なる）
	流通時のみ冷凍させる「冷凍流通品」	―

※食材や条件により異なるので、上記は参考値。保存期間は微生物検査、官能検査等で決める

圧倒的に長い賞味期限を確保できるのがレトルト殺菌で、1年間の常温保存も可能となります。しかし機材が高額なため、製造するには外注しなければなりません。その場合、通常は外注先が製造元になり、自分は販売者になります。

その他の常温保存には、料理を容器などに充填した後に、60度から100度までの加熱殺菌をする方法もあります。加熱する料理食材等によって温度と時間が異なります。牛乳については殺菌することが法律で規定されていますが、料理等にはあり

ません。私のドレッシングは、生ドレッシングなので冷蔵保存。加熱殺菌はしていません。

常温保存する場合の殺菌方法について、数軒の加工工場で聞いてみた結果、委託生産する以外は自分で試行錯誤して、微生物検査をしながら適正温度と時間を決めるしかないという結論に至りました。

賞味期限の裏づけとなる食品分析を実施する

百貨店等の催事販売では、賞味期限の裏づけとして**微生物検査の結果の提出**が求められることがあります。地域によっては、百貨店等の所轄の保健所が厳しく目を光らせているからです。

私が製造しているドレッシングについては、1日、1ヶ月、3ヶ月、6ヶ月までの微生物検査をしています。結果はすべて検出限界の規定値以下でした。

微生物検査をクリアしても、実際に販売できるかどうかの基準は「味」です。おいしく食べられるかどうかを実証するには、まず自分が食べなければなりません。味や食感、臭いを実際に調べます。変化を調べるために毎日食べてもいいのですが、微生物検査と同じ日に試食する方法が現実的だと思います。私たちのドレッシングの場合、冷蔵保存を条件としています。

発売当初は、賞味期限を1ヶ月にしました。それは微生物検査で1ヶ月目の結果が検出限界の規定値以下という結果を受けて決めました。3ヶ月目の微生物検査の結果が出てから、賞味期限を3ヶ月に延ばしました。予定通り6ヶ月まで検査をしました。ここまではすべて検出限界の規定値以下でした。

最終的には、官能検査（人間の味覚、嗅覚、聴覚、視覚、触覚の五感を使って行なう検査方法、つまりおいしいか、臭くないか、見た目が悪くないか等）を行なった上で、賞味期限を3ヶ月に決めました。

早く商品を販売するには、最低限の検査期間を逆算して賞味期限と販売日を決めるしかありません。最低でも賞味期限は1ヶ月欲しいので、**販売開始する日は1ヶ月の微生物検査の結果が出て、官能検査も行なった後**ということになります。このような形を取れば、微生物検査の結果を賞味期限の裏づけにできます。そして順次、検査期間を延ばしながら、賞味期限の延長を検討します。

微生物検査の他には、油の酸化等を調べる**理化学検査**があります。特にサラダ油を使用した揚げ物等の商品では、酸化の度合いを検査すべきでしょう。もちろん、官能検査も忘れずに実施してください。

賞味期限は販売戦略と密接に関わる

商品が常温保存なのか、冷蔵保存なのかによって納入先の仕入れ判断が分かれます。

一般的に常温保存の商品は賞味期限が長く、その分、販売店の在庫リスクが軽減されるため、販売先の需要が高いと言えます。一方、冷蔵商品では冷蔵ケースが必要となり、陳列スペースが足りない状況であれば、採用されないケースも出てきます。

ただし、今までの経験からはっきり言えることは、**常温保存であろうと、冷蔵保存であろうと、お客さんに人気があって売れる商品と判断されれば、取り扱ってもらえます**。つまり、納入先を説得するには、ひとつでも多く販売実績をつくることが急務となります。商品の人気を示すようなプレゼンテーションをすることです。

私の場合、発売当初から店頭販売において1日平均で10本前後を販売しました。月平均で250本前後です。一見すると少なく感じる数字ですが、この数字を1万店あるコンビニが販売したらどうなるでしょう?

単純計算ですが、1日10万本を販売することになります。これはすごい販売数だと理解できるでしょう。たかが10本、されど10本。毎日お店で10本を販売する大変さを実感してみてください。実は、それが実績の第一歩となります。

生産物賠償責任保険（PL保険）でリスクを回避

PL保険とは

製造物責任法（PL法）に基づく損害賠償責任を担保してくれるのが**PL保険**です。飲食業においては、野菜等の食材をそのまま販売することはPL法の対象にはなりません。製造物責任ですので、食材を調理した食品が対象となります。ただし、製品を販売した販売者も責任を負担することがあるので、業務内容や取引先との取引内容を保険会社に伝えて確認してください。

特に広範囲な市場を対象に販売をはじめると、不特定多数の方が購入することになるので、万が一のことが起こると、その被害はものすごい広がりをみせます。食べ物の中に異物が混入したり、容器が変形破損したり、容器が原因で食品の味が変わってしまうことも起こらないとは限りません。

事故の原因が製造者にあるのか、もしくは消費者の取り扱い方にあるのか、はっきりしない場合は裁判になる可能性もあり、裁判費用等が必要となります。

製品の欠陥が確認されたら、自主回収を行なうことにもなりかねません。小さな飲食店にとっては大きな負担となりますから、PL保険に加入しておくことをお勧めします。

消費者に対する製造責任を負う立場であると同時に、製品を仕入れて被害に遭う可能性のある立場でもあることを考えると、とても身近な保険と言えるでしょう。

なお、商工会議所の会員であれば、中小企業PL保険に加入することができます。

PL保険は転ばぬ先の杖、飲食店をはじめたら加入は必須

私がお店をオープンさせたのは5年前、ドレッシングの販売をはじめたのは4年前で、PL保険はドレッシング販売を開始する前に契約しました。

それまでは、事業者総合保険に加入していました。火災や事故、食中毒が起こった時の休業補償はありましたが、肝心の食中毒等の被害者への保障については不担保だったことに、PL保険に入ってはじめて気がつきました。

私のように保険内容の不備に気がついていない方も少なくないのではないでしょうか。毎日、万全を尽くして調理しているから大丈夫だと思っている方もいるでしょうが、小さ

な飲食店は、何かが起きたら一瞬で吹き飛んでしまいます。

保険に入れば保険料が発生します。しかし、転ばぬ先の杖としてＰＬ保険への加入は必須だと考えていますので、私は限られた予算内で最大限の保障を確保するように交渉しました。保険料の算出にはいくつかの方法がありましたが、私は前年度の売上を算定基準にした保険料で契約をしました。

催事販売の申込書に加入の可否を申告する箇所がある

百貨店等の催事の申請書に、ＰＬ保険の加入の有無等を記載する欄がありました。それだけではなく、ＰＬ保険加入証明書の提出を求められることが増えていると聞きます。物販での催事販売を考えている、もしくはこれから広く物販営業しようと考えている方は、ぜひＰＬ保険に加入してください。

販売が国内だけであれば、国内のＰＬ保険で担保されますが、海外への輸出を考えている場合には、海外ＰＬ保険への加入が必要になります。自分で輸出する場合や他社に卸売りした商品が輸出される場合もあるでしょう。

特にアメリカは訴訟が多い国ですので、いざと言う時には、保険会社がＰＬ訴訟に強い弁護士を選任してくれます。これは保険料には換えられない価値があると言えるでしょう。

3章

商品開発のヒントはここにある

ヒット商品の構成要素

ヒット商品の必要条件とは？

ヒット商品には、さまざまな構成要素があります。そして、その要素の中には必ず必要な条件があります。

私が考える必要条件は、**おいしい、安心、楽しい、手軽**です。そしてそれらの条件が、**感動する食体験をつくり上げる**のだと思います。

おいしいは文字通り、食べて「おいしい！」と感動することです。これは食べた瞬間に感じるもので、私の場合は主観を大切にしています。その後、裏づけとして客観的な意見を集めます。普通においしいだけでは商品力に欠けると思っています。

次が**安心**です。今や、離乳食にまで食品添加物が入っているご時世ですから、安心がいかに手に入り難いかが理解できるかと思います。すでに述べたように、2013年には一流ホテルの食品偽装が連鎖的に発覚しました。賞味期限切れの商品の再利用、また中国の鶏肉騒動が起こり、多くの外食チェーンやコンビニ、ファミレスがこれを使用していたことがわかり、安心な食がいかに入手困難かを思い知らされました。このような状況下で、私たちは信頼できる生産者とともに、安心できる商品づくりをしなければなりません。

その次の**楽しい**とは食の本質のひとつで、楽しく食べられなければおいしさも感じられないということです。さらにおいしいと思えなければ、食も進みません。楽しさというものは、つくろうと意図してつくれるものではないと思います。ただ言えることは、開発していて楽しくなければ、楽しさを商品に織り込むことはできないということです。これは気持ちの問題と言えますが、食卓を囲んで楽しく食べている光景をめざして商品づくりにあたってください。

手軽というのは、手軽に買える、手軽につくれる、手軽に食べられる、手軽に保存できる（コンパクト、保存に便利な形態）ことと考えています。

これらの必要条件は、小さなお店が生き残るための重要なキーワードです。「おいしい」「安心」は2章でもお伝えしたように、小さなお店が大手メーカーに勝てるポイントであり、

「楽しい」「手軽」は、私たちが大手メーカーから学ぶべき要素と言えるかもしれません。

ヒット商品を構成するその他の条件とは？

商品開発で必要とされるその他の条件としては、マーケティング、デザイン、営業、販売促進等があります。マーケティングに関しては、4章で解説しますが、かなり広範囲に類似商品と市場を調べなければなりません。

自分が開発した商品を、これまでよりも広い市場に出して行く上では、商品がどの立ち位置（ポジション）にあるかを把握しなければなりません。

店頭では、多くの競合他社の商品と一緒に並びます。同様の商品がたくさんある中で、自分の商品の特徴・強みはどこにあるのか？　お客さんからはどう見えるか？　を考えなければなりません。

試食販売をしない限り、ネーミングやパッケージでお客さんにアピールするしか方法はありません。実際のデザイン作業には、さまざまなスキルが必要ですが、デザインの構想を考えることはできます。少なくとも、デパ地下などへ行って、自分ならどの商品を購入するか、購入動機は何か、その商品のデザインやネーミングはどうか、と何度も繰り返し考えてみましょう。

▶ヒット商品の条件

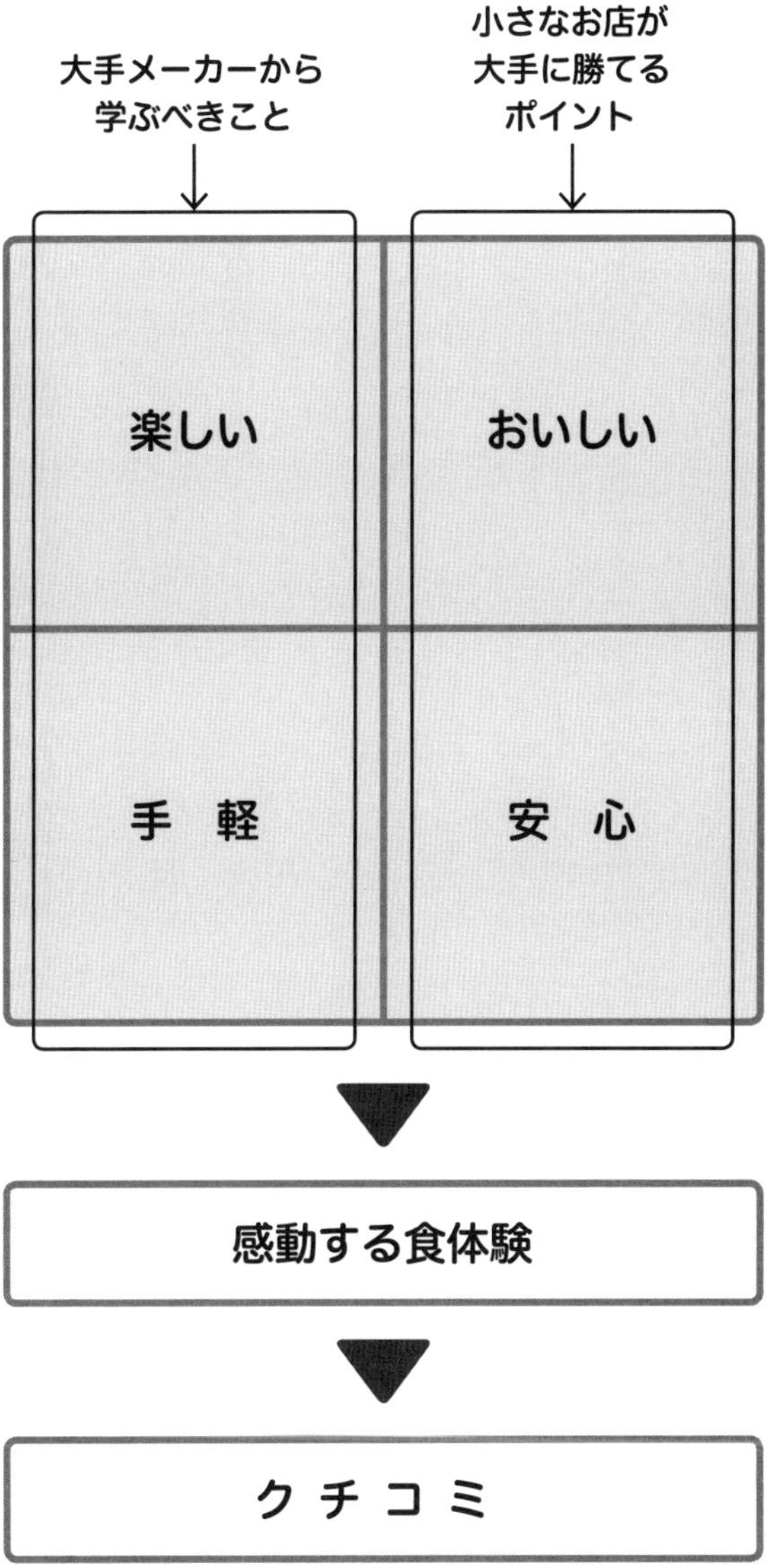

大手メーカーから学ぶべきこと
小さなお店が大手に勝てるポイント
楽しい
おいしい
手　軽
安　心
感動する食体験
ク チ コ ミ

まったく新しい商品はないに等しい

独自性とは何か

商品開発と言えば、「食べるラー油」のようなヒット商品が思い浮かびます。この「食べるラー油」の成功例を見て、「自分も何か新しい商品を」と考えるのですが、簡単なようでいて非常に難しく感じるのではないかと思います。

とは言え、「食べるラー油」も元をただせばラー油ですので、まったくの新しい商品ではありません。しかし、別の視点から見れば、フライドオニオンとフライドガーリックのラー油漬けとも言えます。このように今までにない、まったく新しい商品というのはないに等しいのです。**新しいのは視点**です。

「食べるラー油」の開発の流れは、ラー油の延長線上に**新たな付加価値をつけた**ということでしょう。普通のラー油とは異なり、具を全体の3割ほど入れているのがミソです。クリスピー感のあるフライドオニオンとフライドガーリックを入れたのが決め手でした。あまり辛いと食べるのが大変なので、辛さを抑え、応用範囲を広くして消費量増を考えたのかもしれません。類似商品も続々と出てきますが、少しずつ視点を変えています。人の嗜好もそれぞれ違いますので、綿密に調べてみれば、さまざまな開発の方向性が見えるはずです。

このラー油系商品はすでに十数種類が販売されている状況で、新たに「塩ラー油」が登場して「なるほど」と思うのですが、すでに成熟しきった市場から新しい導入期へ入るにはインパクトがちょっと弱いように思います。そのインパクトとは、**感動する食体験**です。最初の「食べるラー油」のインパクトは大きいものでした。しかし、同様の商品が出てきても、だんだん感動は薄れていきます。それが、売れなくなっていく大きな原因です。

まったく新しい商品はないと思えば、思考回路も変わりますのでシンプルに考えることができると思います。ただ、あまりにもシンプルすぎると、自分の頭の中で「売れないだろう」という結論を出してしまいがちなので、必ず誰かに意見を求める癖をつけておくことが肝要です。

ドレッシングも同じです。

スーパーや百貨店のドレッシング売り場を見ると、嫌というほどの競合商品に圧倒されてしまいます。日本食糧新聞の推定では、２０１４年の家庭用マヨネーズとドレッシングの市場規模は１３６０億円でした。

ところが、「野菜に野菜をかける」というコンセプトでドレッシングをつくると、**ドレッシングの概念から外れていきます**。その証拠に、はじめてうちのベジドレを見るお客さんからは「これがドレッシングですか？」と尋ねられます。既成概念を払拭し、結果的にはベジドレという新しい概念をつくり上げたのだと思いました。

今まで、原材料の半分以上を生野菜でつくったドレッシングはありませんでした。そして感覚的には、「野菜で野菜を食べる」ドレッシングという新商品として認識されたわけです。

「万能」から「使い方を限定する」と新しい商品に

既製品を組み合わせて、その使い方を限定する専門志向の商品開発の手法があります。「万能」という言葉がつく商品を見かけたことがあると思います。万能と言うと逆に使い方が漠然とし過ぎて、かえってインパクトを失ってしまうことが多いのではないでしょうか。

▶視点を変えると新商品になる

「限定」を「汎用」にすることで、新しい価値を創造

ラー油…………主に餃子、ラーメン、麻婆豆腐に使うもの

食べるラー油…液体のラー油に、クリスピーな食感を付加
→「限定的使用」だったラー油の利用範囲を広げた

ドレッシング…主にサラダにかけるもの

ベジドレ………原材料の半分以上が野菜と果汁で、「野菜に野菜をかけて食べる」という新しい価値観を提供
→ フライやハンバーグ、魚のソテーにかけるソース的な存在に

「万能」を「専門」にすることで、おいしい食体験を提供

醤油
- 卵かけご飯専用の醤油
- 肉じゃが専用醤油
- チーズかけ醤油
- カレー専用醤油
- パンかけ醤油（スイーツ醤油）

人参のベジドレをトマトジュースで半々に割って、冷たいパスタと和えれば「人参とトマトの冷製パスタ」ができ上がり。ドレッシングの用途を越えて、ソースや調味料としての機能をも持つ。

酢飯にさまざまな野菜を乗せてベジドレをかければ、「ベジドレ野菜寿司」（浦和パルコ「和創だいにんぐ やままん」の川島店長が考案）

典型的な万能調味料に醤油がありますが、応用範囲の広い醤油をあえて狭める限定的な使い方をした商品が発売されました。

たとえば、卵かけご飯用専用の醤油です。正確に言えば、出汁などが入っているので醤油の加工品となりますが、発売当時は醤油の切り口としては斬新だと思いました。

このようにして万能調味料である醤油の使い方をある用途に特化すれば、話題性もあり、使い方も簡単になります。お客さんにとっては至れり尽くせり的な便利商品です。

しかし、このように用途を限定して商品化するには、当然ながらリスクがつきまといます。ターゲットとニーズを外したらまったく売れなくなるからです。

商品の誕生には必ずストーリーがある

コンセプトとストーリー

これからいよいよ商品開発の核心へと話を進めますが、私たちが4年前に開発した生野菜ドレッシングの「ベジドレ」、その商品化と販売の過程で気づいたこと、失敗したことを織り込みながら説明していきます。

消費者のニーズがわかれば、当然のことながら商品を仕掛けることは容易になります。大きく外れない商いが可能となるでしょう。こう書くといとも簡単に感じられますが、実際にニーズを掘り当てるのは簡単ではありません。

1本の映画を見るようなお店をつくれたら最高です。古民家を購入して老舗然とした本店に仕立て、素晴らしいデザインのカタログをつくって、非の打ちどころがない完璧なまでのシナリオを展開させる――私たちのような資金力のない小さなお店には夢のような話です。でも、お金がないからと言って諦めるわけにはいきません。
では、どうするか。私は以下のようなステップを踏みました。

お店は住宅街にあって、立地条件もよくありませんでした。そのハンデがあって、どうしても開発に時間がかかりましたが、ひたすら地道に商品を売り出さなければと自分を奮起させる毎日でした。私たちが開発した生野菜ドレッシングの「ベジドレ」のコンセプトとしては、**野菜嫌いの子供や大人が食べられるようになれる魔法のドレッシング**、野菜に野菜をかける感覚で食べようと考えました。

事実、お店で「ベジドレ」を生野菜サラダとともに提供したら、生野菜を食べられるようになったお子さんがたくさんいました。つくられた話ではなく事実として、これがベジドレのストーリーのはじまりとなりました。

商品を営業する際、ストーリーはとても重要なファクターになります。最初はお店で実践して、ストーリーをつくるしかありません。資金力のない小さなお店を大きく見せるには、これは必要不可欠な取り組みなのです。

ストーリーの中に感動させる要素がある

ブランドや商品のストーリーの中には、必ずと言っていいほど、感動させる要素が盛り込まれています。感動は、共感して応援していただくための重要な要因です。困難を乗り越えた、といったストーリーによって、少しでもお客さんの記憶にとどめてもらうのです。印象をより強く残すためには、できる限り人間の五感に働きかけることが肝要だと考えています。

記憶については、エビングハウスの忘却曲線が有名ですが、人は学んだことを1時間後に56％も忘れてしまい、1日後には74％を忘れるそうです。その後1ヶ月で77％となるのですが、1日が過ぎた時点でどれだけ記憶にとどめるかが問題となります。

寝る前にインプットした情報は記憶に残りやすいと言われているため、夕食の席で食べながら、試食した時の様子を食卓で語ってもらえるとベストです。そのためには、印象に残るようなフレーズで商品を説明することが求められます。商品説明のセールストークは、その点でも重要です。

▶ 店外で商品を売るには「コンセプト」と「開発ストーリー」が必要

	ベジドレ（ドレッシング）	餃天（餃子）	ユーユーワールド（調味料）
コンセプト	野菜が大好きになるドレッシング	我が子に安心して食べさせられる餃子しかつくりません	餃子味の調味料、餃子そっくりの味だが餃子ではない
開発ストーリー	野菜嫌いのお子さんが、ほうれん草のベジドレをかけたら食べられるようになった	創業当時から、化学調味料や保存料に頼らないことにこだわり、素材の持つ力を最大限に活かすことを追求してきた	「宇都宮へ餃子を食べに行っても持ち帰れない」という弱点からの発想
ネーミング	野菜に野菜をかける、ベジタブルドレッシング＝ベジドレ	情熱の赤餃子、至福の白餃子、新緑のふき餃子	ご飯にかけるギョウザ
特徴	無添加、有機栽培、パステルカラー	無添加、国産素材、砂糖不使用	肉やニラ等が入っていない

日常生活やマカナイにもヒントが潜んでいる

マカナイの本質は何か？

ほとんどの飲食店では、従業員の食事としてマカナイをつくっていることでしょう。マカナイに使用する食材は、お店の余剰在庫品を使うことも多いでしょう。もちろんお店の原価率にも影響するものですから、何を食材とするかはそれぞれの方針があると思います。いずれにせよマカナイは、手元にある材料だけでどれだけおいしい料理がつくれるのか、そのアイディアを発揮する機会でもあります。

だからこそマカナイは、商品開発をする際に必要な条件を、ある意味で満たしています。家庭向け商品を開発しようとするなら、余った材料からいかに家族が喜びそうな料理が手軽にできるか、それを満たすことができれば大ヒット商品になるかもしれません。

私はマカナイをつくるのが楽しみのひとつでした。お店が終わってから商品開発の試作をしようとすると、時計の針は0時を回っていることが多く、脳も身体も疲れきっていました。そこで商品の試作をマカナイづくりの中で行ったのです。これにより時間的にはかなり楽になり、一挙両得となりました。

マカナイからの発想

マカナイから商品化された料理に、オムライスや天むす、つけ麺やタルタルソースを使ったチキン南蛮などがあります。これらの商品に共通しているのは、**余った材料で素早くできて、しかもおいしい**ことです。

おいしいという表現は個人差もあり、曖昧ではありますが、私は、**長期にわたり継続的に販売されていること**と、**多くの類似品がつくられること**がおいしさ（商品価値）の裏づけとしています。

意図したマカナイができたら、おいしさを高めていくことはもちろんですが、家庭や職場へどのような形（パッケージ）で運ばれ、どのようにして（熱湯を入れるのか、湯煎するのか、レンジで温めるのか等々）食べられるか、そのシーンを思い浮かべてください。家庭で食べてもらう商品は、手軽で簡単に食べられることが必要なので、このことは常に念頭においていただきたいと思います。

日常生活でトライ&エラー

マカナイについてお話ししていますが、私は単純に商品開発とマカナイを結びつけているのではありません。ヒット商品を開発するには、**日頃からさまざまな商品を見たり食べたりすることが好きでなくてはならない**と思っています。つまり、**食べることを楽しいと感じることがなければ、楽しい食を演出することができない**のです。

マーケティングなどの学術的知識は重要ですし、栄養学的な観点も不可欠です。しかし、脳と胃はまったく別物です。

野菜等の原材料は、産地や季節、栽培方法によって味も香りも栄養価も変わります。それを十把一絡げにして、一般的な栄養価を数値的に組み合わせたところで、結果はそれぞれ違うはずです。人間にとって必要な栄養価を一般的な数値で盛り込んだ料理は、胃は受けつけたとしても、脳が受けつけないはずです。栄養があるから、身体にいいから、と無理やり言い聞かされて食べる食事のどこがおいしいのでしょうか。どこが楽しいのでしょうか。食べ物の好き嫌いは、このような食体験で左右されていると思います。だからこそ、食の楽しさが重要なのです。

お店の中だけが商品開発の場ではなく、日常生活での疑問や経験もすべて活かすことができます。

たとえばインスタント味噌汁ですが、おいしいと感じた商品に出会ったことがあるでしょうか。残念ながら、私はいまだにありません。自分でつくる味噌汁とインスタントを飲み比べると、それは味噌汁ではなくまったく別の物です。味噌の風味はほとんどなく、出汁の風味となると、鰹エキス等の添加物のとがった風味が鼻に突き刺さります。

私は自宅で飲む味噌汁をトライ&エラーしながら自分でつくっていて、最終的には「究極のインスタント味噌汁」の開発をめざしています。

開発のネタは、こうして身近なところにたくさん転がっています。単純なことですが、それに気づくことが意外なほど難しくもあります。

自分の思い入れからの商品開発

自分の思い入れがある生産者を応援する

おいしい食材を探し続け、本当に感動する食材に出会うと、多くの人にこの感動を伝えたいと思います。

これまで、本当にたくさんの生産者と生産物に出会いました。

特に、店のオープン時に飛騨高山から駆けつけてくれた、奥飛騨田中牧場の田中肇さん。彼の人柄も飛騨牛も絶品です。田中さん曰く、牛肉の物理的に〝やさしい味〟を決めるのは、小ザシだそうです。小ザシとは肉の中に細かく入った脂肪のことです。口の中でとろけるためには、オレイン酸が必要で、その相乗効果によって甘く深みのある黒毛和種特有の味わいが感じられるそうです。

肉色が薄く、見た目がいいことがおいしい肉の条件にあげられます。その味をつくり出

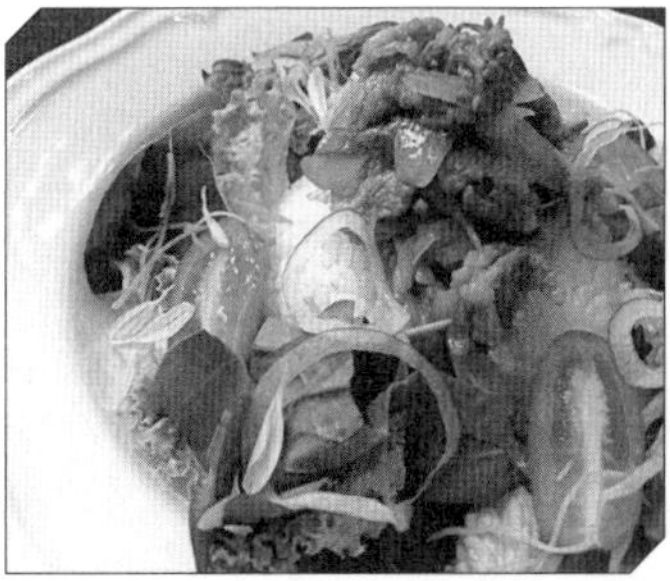

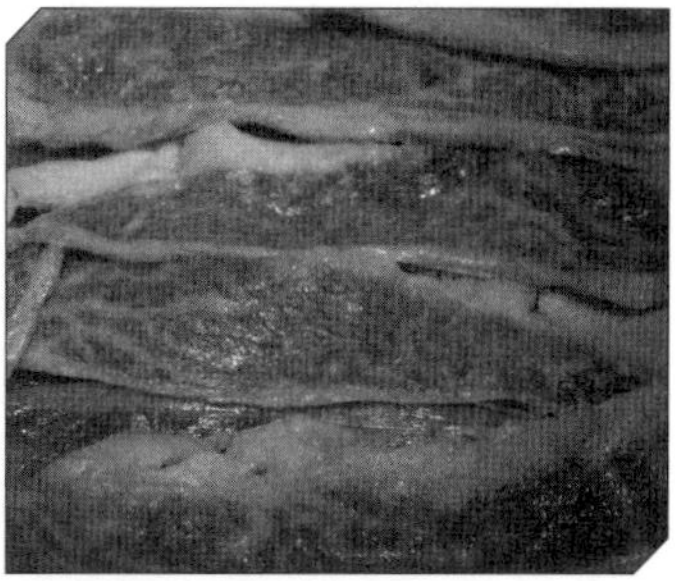

奥飛騨田中牧場の肉に惚れ込んで考えた、飛騨牛と野菜がたくさん食べられるサラダ牛丼。店内のメニューだけではなく、百貨店等の催事でも販売。催事というチャネルを持っていると、プロモーションが容易に実行できる。

A5等級の飛騨牛でつくった牛丼。1500円。
奥飛騨田中牧場：岐阜県飛騨市古川町太江2025

すためには、生産・飼育に関わるスタッフが、どれだけ牛たちにやさしい気持ちを伝えられるか、やさしく接することができるかにかかっているようです。

その一方で、5代前の血統から徹底管理しています。つまり、どのような血統と遺伝的特徴があるのか、どのような餌をどの段階で与えていたか、生産履歴の透明性がものすごく高いのです。

それらは、効率からかけ離れた作業です。

牛は生き物であり、だからこそ彼らは命に対して敬意を払い、尊ぶことが必要であると思い、効率よりも命の尊厳に重きを置き、日々の作業に従事しています。それがあるから、私たちはやさしさ溢れる奥飛騨田中牧場産の飛騨牛をありがたく食べられます。

よい食材の陰には、よい人が必ずいます。この感動を広く伝えたいと思う気持ちが、商品開発につながっています。

ヒントを体系化するのに有効な「マインドマップ」

マインドマップで発想

これまで商品開発のアイデアをさまざまご紹介してきましたが、発想をまとめるのに適したツールが「マインドマップ」です。

詳しい解説は専門の書籍に譲りますが、マインドマップとは、自分が考えたこと、思ったこと、感じたことを絵のように表現し、整理するためのもので、頭の中の状態を可視化するツール、とも言われています。

当初は思いついたアイデアをノートに手書きしていましたが、ノートを忘れるなどして記録できないこともありました。そんな時、スマートフォンとパソコンで連携できるマインドマップのアプリを見つけたので購入して使っています。スマートフォンはいつも携帯しているので、思いついた時に書きはじめられ、確認もすぐにできます。ただ画面が小さ

▶自由に発想を広げ、コンセプトをまとめるのに役立つ「マインドマップ」

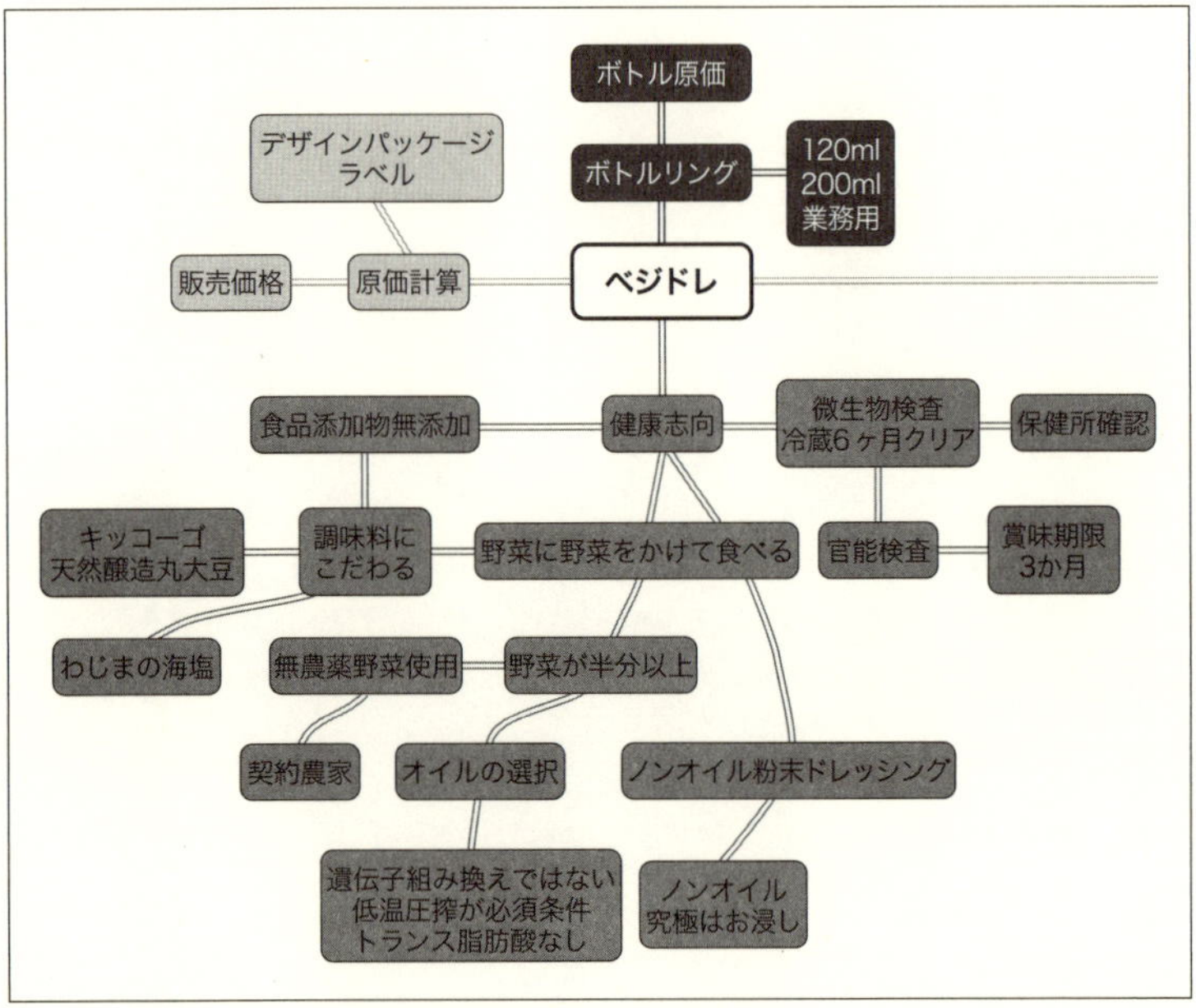

いので、本格的な作業はパソコンで行なっています。データをPDFファイルに変換でき、プリントもできる、非常に便利なツールです。

マインドマップを描くためのアプリには公認アプリを含めてさまざまありますが、私が使用しているのは「SIMPLE MIND」というアプリです。無料でダウンロードできるものも数多くありますので、インターネットで「マインドマップアプリ」等で検索して、自分が一番使いやすいと感じたアプリを使ってみるといいでしょう。

難しく考えずに思いついたら書き込む

例として「ベジドレ」のマインドマップを描いてみました。まずはベジドレを中心にテーマを考え、実際にどのような容器や容量で販売するか、製造原価をどのようにして算出するかの3つの課題を出しました（実際はもっとありますが、説明しやすいようにシンプルにしました）。

まず、ベジドレの商品イメージとして**「健康志向」**をキーワードとして挙げました。健康志向から、**「野菜に野菜をかけて食べる」**というキーワードが出て、そうであれば最低でも**「原材料の半分以上が野菜でなければならない」**という結論を出しました。

半分以上が野菜であれば、その野菜の質を追求しなければなりません。

「健康志向」から「食品添加物無添加」、そして「調味料にこだわる」が出てきます。メインで使う調味料の「醤油」と「塩」について書き加えました。

「健康志向」であれば、商品の安全性を担保することも外せません。賞味期限の裏付けとなる「微生物検査」に加えて、「官能検査」で味を調べることも必要です。

販売面についても考えました。ベジドレをどのような形態で販売するか、ボトリングについて考え、ペットボトル、ガラス瓶から原価、そして販売価格もそこから派生します。

このように、「ベジドレ」というひとつのテーマから、必要と思うことを書き出していきます。そして実行する時は、プリントアウトして、作業のチェックリストとして使用すると漏れがなくなるのでお勧めです。後から足されるものは随時、マインドマップに書き込んでいきます。位置を工夫すれば、作業工程表としても使えますね。

ざっと簡単ですが、マインドマップが表わしている内容はこのように説明できます。

思いついたことをとにかく書き込んでいくことが大事です。消すか消さないかは後で決めればいいことです。アイデアは、考えようと思って出てくるものではありません。でも、アイデアを思いついた時に記録していないと二度と思い出せないこともあるので、私は常にメモをとっています。

4章

どんな商品を誰に売るのか マーケットに学ぶ

スーパー・コンビニは地域の情報源

地域密着の情報

スーパーの品揃えは、その地域の商圏内の購買傾向が反映されています。私は、地方に出張した時や海外に行った時には、必ず地元のスーパーや小売店に立ち寄って、生鮮三品（青果・鮮魚・精肉）の内容と価格でおおよその地域の購買分析をします。その分析を元に、品揃えを見ていきます。このような分析を主だった地域で行なえば、消費者の購買傾向が見えてきます。これは、**自分が開発している商品がどのような位置にあるのか**をつかむための学習です。

売れ筋商品がよりわかりやすいのが、コンビニです。私はいつもコンビニの商品開発力・商品構成力に驚かされます。来店客の購入データを綿密に分析した上で、的確に開発しているのでしょう。

コンビニでチェックすべきは、お弁当類、パック詰め惣菜と冷凍食品とスイーツ類です。特にショーケースの下段に置かれているお弁当は、数量が多ければ売れ筋、少なければテスト販売と判断しています。冷凍食品はどちらかと言えば定番の商品を置いていますので、その地域で定番とされる商品がどのようなものなのかがわかります。

コンビニでの一番の売れ筋は飲み物とされていて、どこのお店を見てもわかりますが、リーチインケース（冷蔵ショーケース）が必ず入り口から見て奥のほうに設置されています。奥に設置することで、他の商品を見てもらう意図があるのです。こうして見ていくと、限られた面積を有効に使っていることがよくわかります。売りたい商品の定位置というのがだんだんわかってきます。

どんなお客さんがどの商品を購入するか、客層別の購買傾向がわかると、売れ筋がもっと見えてくるので、時間帯別に動向を観察したいですね。

できれば、一番多く販売されている商品を購入して分析し、自分の商品開発の参考にします。

ゴールデンゾーンを読む

一番売りたい商品は胸の高さあたりの棚に陳列するのが定石とされているので、まずはその商品をチェックします。

たとえばパスタソースの品揃えが充実しているお店があるとします。大手メーカーのパスタソースだけを置いている店もあれば、専門店のパスタソースまで置いている店もあります。このような商品構成の変化を見ると、パスタソースを開発して小売店に置いてもらうことも可能だと思えます。

商品のアイテム数とボリュームで見れば、カレー等のレトルト商品やカレールーが非常に充実しています。カレールーやレトルトカレー、タイカレーの素等、ところ狭しと並んでいます。本場のインドカレーとは違って、日本のカレーはイギリスから伝わりました。その後は日本独特の進化を経て、今では国民食になりました。

数で言えば、カップ麺を含むインスタントラーメン等も数え切れないほどあります。ラーメンだけでなく、焼きそば、蕎麦、うどん、春雨等を加えたら膨大な数で、麺類もカレー同様に国民食です。

いずれも日本人にとってなじみ深い、身近なメニューです。小さなお店が商品を開発して参入するのであれば、こうした人気のメニューに目をつけることが大切です。

発売されているアイテム数は膨大ですが、その中で少しオリジナルな要素を取り入れれば、「新しい商品」となります。誰も食べたことのない、まったく新しい商品を認知してもらうとなると、難易度がぐっと上がるので、**自分が販売しようとしているメニューはどれくらい知られているものなのか**を考える必要があります。

麺類に関しては、カップ麺やインスタントラーメンを開発・販売するには、かなりの設備投資が必要なので、小さなお店にはハードルが高くなりますが、生麺であれば参入できるでしょう。実際、生パスタで参入した例があります。

開発した商品が完成した時に、地元スーパーの品揃えの傾向が自分の商品と合致するなら、プレゼンしてみるのもいいでしょう。商品の取り扱いがダメでも、その理由がわかりますし、品揃えの傾向も聞くことができるので、チャレンジする価値はあります。

お弁当・惣菜売り場の品揃えからのヒント

数年前からの傾向ですが、スーパーではお総菜コーナーの充実を図っています。私の家の近所のスーパーでも、改装後、惣菜コーナーが元の約3倍の広さになっていました。惣菜コーナーの定番と言えば、寿司、天麩羅やフライ、唐揚げ等の揚げ物、焼き鳥、お弁当です。他にサンドイッチや惣菜パン、餃子や炒め物の中華惣菜やハンバーグ等広く扱っています。

お惣菜だけでなく、それらの料理を家庭で簡単につくれる商品も充実しているようです。

たとえば鶏の唐揚げ粉、水で混ぜるだけの天ぷら粉、ちらし寿司の素、中華料理の素（レトルトパック）、ハンバーグの素等があります。特に中華料理の素は、本格的な味が手軽に再現できるので根強く売れています。このように「食材さえあれば本格的な料理が簡単にできる商品」は、これからますます売れていくでしょう。

さらなる需要も生まれています。ここ数年、外食ではなく家で簡単な食事会やホームパーティーを開く人が増えています。自慢の料理でおもてなしをしたい、しかし、今までのようなインスタント調味料では、料理自慢ができません。すでにコモデティ化していて、皆さん、味ですぐにわかってしまいます。だからもうひと手間増えたとしても、オリジナリティーが出せるような商品が望まれているのです。

私は黒酢酢豚が好きなので、いろいろなお店やお弁当屋で黒酢酢豚を注文してきました。ところがある時、どのお店も味がほとんど同じだと気づきました。同じ加工調味料を使っているのでしょう。このようなこともあるので、やはりひと手間かかっても、いつもとひと味違う料理ができたらいいと思いました。つくり手の存在感をアピールできるような商品があれば、ニーズは必ずあるはずです。

デパ地下・専門店を調査

専門性はニッチな市場

どの百貨店も専門性や独自のカラーと魅力を打ち出すことを模索しています。

横浜髙島屋では、「安全・安心」「健康」「おいしい」をテーマに、厳しい自社基準に基づいて商品を厳選するセレクトショップである「髙島屋ファーム」を2014年5月にオープンしました。青果をはじめとしたこだわりの商品を、全国から集めて販売しています。

商品をセレクトする基準は、次の4つです。

- 素材本来のおいしさを追求します。
- 安全・安心・新鮮を基本とします。
- 栽培・製造方法にこだわります。

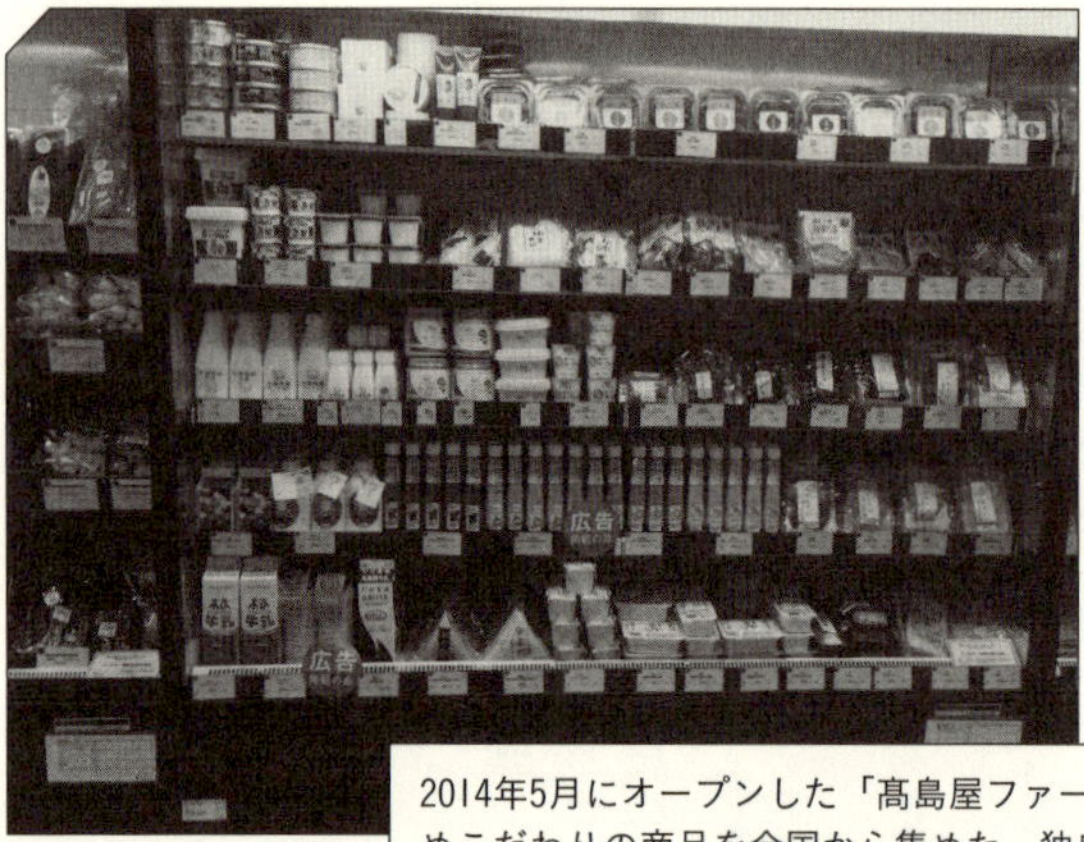

2014年5月にオープンした「髙島屋ファーム」。青果をはじめこだわりの商品を全国から集めた、独自の自然食品店
髙島屋ファーム：神奈川県横浜市西区南幸1・6・31 横浜髙島屋地下1階

●食品添加物は必要最小限とします。

私たちのベジドレは、食品添加物に関しては一切使用していません。４つの基準すべてをクリアしていたため、オープン当初からお取り扱いしていただくことができました。これからの商品開発においては、これらの条件はきわめて重要であり、必須になるものと考えています。

消費税増税後に札幌で催事販売をした時に、ちょうど目の前に新しく「お茶漬け専門店」が開店していました。ニッチと言うにはメジャー過ぎるお茶漬けですが、あえてニッチにしている開発コンセプトは非常に面白く、楽しく感じられました。

アイテム数はかなり多く、普段使いというよりはギフトとして非常に喜ばれる商品だと思いました。パッケージに力が入っていて意気込みを感じました。実際に食べてみると、手軽で味もよかったです。お茶漬けというなじみ深い食べ物であっても、付加価値をつけることはできるのです。こうした観点が、これからの商品開発には欠かせません。

海外の専門店に学ぶ

私はニューヨークが大好きで、観光は一切せずに地元のスーパーや小売店をまわり、飲食店で食べ歩きばかりしていました。

もう8年も前になりますが、シティーベーカリーとル・パン・コティディアンを日本でオープンさせたら面白いと思っていました。

ライセンス料が高かったので手が出ませんでしたが、今や両店とも日本で展開しています。特にル・パン・コティディアンのパンは、ニューヨーク滞在中は毎日のように食べに行きましたが、それは単においしさだけではなく、お店が醸し出す安心感と期待感を感じたからでした。

パンの原材料は非常にシンプルですが、使用する小麦粉、水、酵母がまったく違うのでしょう。しかし、たとえ同じ材料が手に入っても、同じパンは焼けないと思います。ここがいわゆる、「商品に命を吹き込む」ということだと考えています。海外におけるパンは、日本だとお米にあたります。海外の専門店を参考に、お米をつかった新商品を考えてみるのも一案です。

ニューヨークのイタリア人街には、ピクルスの専門店がありました。商品の見せ方はまるでアートで、ピクルスの既成概念を変えられてしまいます。そう思うと日本の漬け物にも、まだまだいろんな表現方法があるはずです。商品の見せ方については、欧米に一日の長があります。消費者の購買動機は見せ方で左右されるので、さまざまな商品を、陳列方法も含め、できるだけたくさん見るようにしたいですね。

マンハッタンにあるル・パン・コティディアンの支店の1店

昨年のFOODEXで見たイタリアのピクルス専門店。ピクルスの見せ方はまるでアート

ネットできるマーケティング・リサーチ

類似品を探す

商品開発をする時にどうしても気になるのは、類似品の存在です。お店をまわって類似品を手にとって、原材料その他の情報を集めたり、購入して味を確認することも重要ですが、全国規模で類似品を探すには、ネット検索が便利です。

私の場合、「ドレッシング」「生ドレッシング」「野菜ドレッシング」「生野菜ドレッシング」をキーワードに、「人参」「赤たまねぎ」「ほうれん草」「バジル」と具体的な素材も合わせて検索をかけました。

検索結果の上位200位に表示される商品はチェックします。特に上位の商品は、実際にお店に行って手に取るか、取り寄せをします。そして、食べ比べをします。日本だけではなく、海外へ出かけた時にも、できるだけ売れ筋商品を買って味見をします。

自分が開発した商品との違いを知る

自分が開発したものと近い商品があれば、違いがどこにあるかを探します。検索をしていてわかったのは、商品の原材料を表示しているネットショップが非常に少ないということです。私たちは、ドレッシングの原材料のすべてとアレルギー物質の表示をしています。それは商品を買う時には必須であり、アレルギー物質表示については義務化されています。

私が感じるのは、「ネットショップの姿勢」が顧客に選別されているということです。つまり、**ターゲットと考える客層を、意識して集めるためのサイトづくり**をしなければなりません。

私たちのドレッシングの特徴のひとつが、使用する菜種油にあります。一般に販売されている菜種油は、カナダ産の遺伝子組み換えの菜種を使用しています。遺伝子組み換えではない菜種をつくっているのは数ヶ国にすぎず、ドレッシングに使っているメーカーはほとんどありません。

搾油する方法にも特徴があります。

搾油には、昔ながらの「低温圧搾」（コールドプレス）と、ノルマルヘキサンという溶剤を使って搾油する高効率な方法があります。低温圧搾法では75％ほどしか搾油できないのに対して、溶剤で搾油すれば100％近く搾油できます。ただ、溶剤を使うとそれを除去するために油を高温に熱します。この時に〝食べるプラスティック〟と言われるトランス脂肪酸が生成されるため、世界中で使用を禁止する国が増えています。

低温圧搾は生産効率が悪いものの、低温なのでトランス脂肪酸を生成せずに安全な油ができます。効率が悪い分、価格が高いので大手は絶対に使わないし、中小零細規模のメーカーでも使用が限られています。私自身もそうですが、お店の営業をしていた時も、催事販売をしていた時も、油を気にするお客さんが少なからずいました。実際には、その要望に対応している商品が少ないのが現状です（なお、油の圧搾方法による味の違いはほとんどわかりません）。

最後は、実際に野菜にかけて食べ比べてみます。これで、違いがはっきりとわかると思います。競合他社との違いがはっきりしたところで、その違いを明確に打ち出していくことです。私たちのような商品の需要が増えてきていることは事実で、今後の商品開発の方向性を示唆していることは言うまでもありません。

購入者の声を探す

通販サイトでは「購入者の声」がよく紹介されています。レストランのクチコミサイトの中には、信ぴょう性が低いものもありますが、何百という購入者の声を読んでいくと、書かれた内容の真偽がおおよそわかるようになります。さくらの存在もありますが、さくらはさくらで逆に商品の何を伝えたいのかがわかり、それはそれで参考になると思います。

真の購入者の声は、商品のどの部分で購入する動機を持つのか、実際に使ってみて何がよかったのか、また意見や要望が書いてあることも多いので参考になります。

自身のブログに、購入した商品を使用した写真や感想を載せている人も多いので、検索してみることをお勧めします。購入者の中には、普通では思いつかないような使い方をしている方もいて、刺激をいただくことも少なくありません。

購入者の声は、競合他社の商品、自分の商品、どちらも探してみてください。

たとえば、「ベジドレ」に対しては次のようなコメントがありました。

「私は、市販のドレッシングは内容が気になるため通常は買いません。ちょっとお高いですが、本物はちゃんと応援したい」

「スーパーで売っている市販のドレッシングより賞味期限が短めのようですが、吟味された原材料でこの値段はリーズナブルだと思います」


こうした声から、**素材に対する関心の高さ**を実感しました。

お褒めの言葉だけでなく、**改良につながる貴重なご意見**もあります。

「ベジドレ」は原材料の半分以上が野菜なので、野菜の繊維が上部で固まりがちです。このため、「注ぎにくい」という声がありました。注ぎ口が広いボトルを探したものの、見つからなかったことから、増粘剤安定剤としてストレート果汁の無添加のオレンジジュースを使いはじめました。これによって食物繊維が絡まるのを抑えることができました。

「おいしい、安心、楽しい、手軽」な商品にするべく、購入者の声を、さらなるブラッシュアップと新たな商品開発に活かしています。

飲食・食品業界の動向をみる

メーカーの動向を読む

公表されている数字をすべてを鵜呑みにすることはできませんが、どのようなメーカーの商品の販売が伸びていて、どのような商品の販売が減っているのかは興味のあるところです。また、数字だけではなく、実際に商品の陳列状況を見れば、売れ筋が何かも見えてきます。

ドレッシングに関して言えば、胡麻系のドレッシングに根強い人気があることがわかり、私たちも商品ラインナップに加えて販売をはじめました。その他のチェックポイントとして、新製品を分析しています。

大手メーカーの業務用新製品に注目する

外食産業向けの調理済み加工食品は、業務用で実績が出れば、必ず家庭向けに販売されます。

もう十数年前の話ですが、「カフェブラッセリー三日月堂」というクライアントのお店で、冷凍のスパゲティーを使ってミートソースと茸ソースのメニューを出していました。スパゲティーは大手メーカーの商品でしたが、その当時は冷凍スパゲティーは一般には販売されていませんでした。高圧蒸気を出す専用の機械でスパゲティーを15秒ほどで解凍し温めますが、それが普通にアルデンテに茹でたのと遜色がありませんでした。その後しばらくしてから冷凍スパゲティーが、スーパーの冷食コーナーに並びました。だから、**業務用食材は、商品化される可能性が高い**と考えるようになりました。

これから本格的に商品開発を進めようと考えているのなら、ぜひとも出入り業者さんに新製品のサンプルをもらうようにすることをお勧めします。

また、業務用メーカーの展示会やビックサイト等で行なわれる食品展示会等には足を運んだほうがいいと思います。すべての業務用商品が一般発売されるわけではありませんが、一般発売された背景や理由がわかるようになれば、今後の商品開発の参考になるはずです。

5章

欲しい！食べたい！商品をつくる

開発 実践ステップ

商品が使われるシーンをイメージする

購入後のシーンが思い浮かぶか？

商品開発をする時に、この商品を購入したお客さんがどのように使うか、そのシーンが的確に思い浮かんだら、その商品は売れる可能性が高いでしょう。食卓でどのように使われるかを想像するのです。

試作に試作を繰り返す中で、自分が想定する理想のシーンが見えてくることがあると思います。すぐに見えたらいいのですが、実は私も簡単に見えるわけではありません。そんな時には、想定できるシーンを考えられる限り、マインドマップ（95ページ参照）に書き込んで、物事を整理しています。

どのような容器で、どのくらいの内容量で、価格はいくらくらいか。お湯を沸かして入れるのか、直接そのまま使うのか、さまざまな使用方法を想定してみます。ひとつの方向

白い大根に、ピンク色の赤タマネギドレッシングをかけると、“目に楽しい”ひと皿ができる

から見ているだけでは、その裏も側面も上も下も見えません。

たとえば、スライサーで薄く切られた大根が、食卓のお皿の上に並べられています。そこにベジドレの赤タマネギドレッシングが登場したら……？

多くの方が「ドレッシングは野菜サラダにかけるもの」と思っていることでしょう。もしもドレッシングをかけることが楽しくなるとしたら、どうしたら良いだろう。ベジドレはきれいな野菜の色を活かしたドレッシングですから、淡い色の野菜にかけるだけで絵にもなります。

「食卓がカラフルになって楽しくなるだろう」、こんなシーンをイメージすることが大切です。

ひと言で言える、ひと目でわかる商品をつくる

「ひと言」で印象に残そう

私が5年前に「やさい料理 夢」をオープンする際に一番悩んだのは、「『野菜料理』って人の記憶に残るのだろうか」ということでした。「今日は何を食べようか？」という問いに対して、「焼き肉」「ラーメン」「寿司」と同じように「野菜料理」が思い浮かび、市民権を得るまでには、かなりの時間がかかるだろうと心配だったのです。

その点、**ドレッシングは日常生活に定着している商品なので、ドレッシング自体の説明は不要**です。ただし、**他のドレッシングとの違いをはっきりと打ち出さなければ、お客さんは選んでくれません**。

すでに書いたように、私たちは、「野菜に野菜をかけて食べる感覚のドレッシング」をコンセプトに開発を進めました。野菜でできたドレッシングなので、「ベジタブルドレッ

シング」を略して「ベジドレ」。お店で実際に提供していた時に、生野菜が食べられないお客さん（子供を含む）が、食べられるようになったことから、「野菜が大好きになる魔法のドレッシング」をキャッチコピーにしました。カラフルな色も特徴でしたので、「パステルカラーのドレッシング」とも呼んでいました。ボトルには「原材料の半分以上が野菜と果汁でできている生野菜ドレッシング」というコピーが目立つシールを貼っています。

ネーミングと商標登録

ネーミングは生まれてくる自分の子供の名前を考えるようなもので、非常に悩むところでしょう。

言いやすい、覚えやすいネーミングはお客さんの記憶に残りやすいので、売れる商品の条件のひとつとなります。記憶に残りやすく、ちょっとユーモアがある商品名だと、流行語的な使い方をされることもあります。

私が食品のネーミングで秀逸だと思うのは「カップヌードル」です。ネーミングがそのまま現物を表わしています。カップに入ったヌードルだから「カップヌードル」。「ボンカレー」も素晴らしいネーミングです。フランス語の「ＢＯＮ」は「よい」という意味ですので、「ボンカレー」は「よいカレー」ということになりますが、意味がわからなくても、響きのよさは印象に残ります。

ネーミングのパターンとしては、「外国語+外国語」「外国語+日本語」が多いように思います。

「これだ!」というネーミングを思いついた時には、特許庁に商標登録をします。これにより、独占使用する権利が発生します。商標登録は先願主義ですので、他社（人）より先に商標登録をしなければなりません。また、商標登録する時には、その商標が使われる商品や役務（サービス）を指定する必要があります。

簡単に言えば、「ベジドレ」という商標をドレッシングの商品名として登録申請して、他に同様の登録がなければ、独占的に使用できる権利が発生します。

たとえば、商標が「ベジドレ」で、役務が「ドレッシング」という商標登録がすでにあれば、申請は却下されますが、商標が「ベジドレ」で、役務が「アイスクリーム」として登録されていたら、同じ商標でも役務が違うので、商標登録が承認されます。使用する商品と役務の範囲を広げて登録すれば、登録した範囲は独占的に使用できます。ただし、登録申請料は役務の数に応じて加算されますので、ドレッシングだけに使うのなら、役務もドレッシングだけに限定すればいいでしょう。

▶ **ネーミングの工夫例**

「ゴールド」や「プラチナ」をつける

りんご……………………「シナノゴールド」
インスタントコーヒー…「ネスレゴールドブレンド」
柑橘………………………「愛南ゴールド」
レトルトカレー…………「ボンカレーゴールド」
ガム………………………「キシリッシュガムプラチナミント」

→高級感やワンランク上のイメージ

「プレミアム」をつける

ビール……………………「ザ・プレミアム・モルツ」
「ドライプレミアム」
「プレミアムピルスナー」
「ヱビスプレミアムブラック」
唐揚げ……………………「プレミアムチキン」
アイスクリーム…………「北海道プレミアムソフト」
リムジンバス……………「プレミアム回数券」
菓子………………………「オレオプレミアム」
缶コーヒー………………「トリプルスタープレミアムブレンド」

お酒のつまみに特化した缶詰「缶つま」は、商品の本質的な要素をネーミングしつつ、印象に残りやすい名前になっています。普通の缶詰と比較すれば高めの価格設定です。徹底したマーケティングとコンセプトで、缶詰売り場ではなく酒売り場に置くという戦術は的を得ています。

原価計算と販売価格の関係

お店の料理と物販商品の原価計算と経費は違う

飲食店の原価は一般的に30％と言われていますが、今では40％前後がおいしいと言われるお店の標準だろうと思います。もちろん、輸入肉や安い輸入野菜を使えば原価を低く抑えることができますが、それでは安全性が懸念されます。

さて、その原価をかけてつくった料理は、来店したお客さんに直接提供されるので、定価で販売されたと言えます。

ところが外販となれば、大半は卸売りになります。卸売りになれば、販売店の利益も考えなければ取り扱ってくれません。一般的には30％前後の販売店利益（粗利）を考慮しますので、定価の30％引き前後（＝7掛）で卸されています。人気の商品では20％（＝8掛）というケースもあります。あくまで一般論で、メーカーによってさまざまに設定されています。

販売店に直接卸すのではなく、問屋などの仲介業者に卸す場合は、さらに掛け率を下げなければなりません。仲介業者へ卸す場合は利幅が少なくなりますが、自らの取引先に営業をしてくれますので、その手数料と考えます。

直接販売（店頭販売、通信販売）、催事販売（百貨店、マルシェ等）、卸販売（小売店、仲介業者）のそれぞれにおいて、付加的にかかる費用をどのように考えて対処するかを事前に決めておく必要があります。たとえば送料ひとつ考えても、通信販売における送料は購入金額によって減額するのか、無料にするのか、卸販売ではロット数によっては無料にする等、あらかじめ計算をして決めておかなければなりません。

販売価格の決め方

実は、販売価格を決める時には、ものすごく悩みました。なぜなら、価格次第で売れるか売れないかが決まってしまうという脅迫観念が頭にあったからです。お店のメニューの値付けでも同じ悩みを経験したのに、ベジドレの価格設定にも、ものすごく悩みました。

デパ地下や専門店へ調べに行き、ネット検索でもドレッシングを調べ尽くしましたが、それでも悩みは解消できませんでした。では、原価を基準に価格を決めようと思っても、フレーバーによって原価が異なるので、うまくまとまりません。結局は、できる限り多くの人に試食していただき、いくらであれば購入するか、意見を集めました。その集計結果と原価を照らし合わせて、最終的に価格を決定したのです。販売開始後に値段を変更、特に値上げをするのはリスキーですので、先の展開も考えて価格を検討・決定しました。

原価管理と見直し

販売を進めていくと、さまざまな問題が出てきました。

最初に問題になったのがボトルです。

当初はネットで検索して、イメージに近いボトルを探して注文しました。メーカーだと思っていましたが、ネット販売業者でした。当然、メーカーよりも値段は高い。

さらに問題なのは、毎回注文時の現金払いだったことです。安ければ注文時払いでも納得できますが、注文数が増えると先行して資金が出て行くので、小さいお店には厳しい状況となります。

また、在庫数が安定していなかったので、メーカーの在庫がなければ、いつ納品されるのかもわからない状態でした。納品日がわからなければ、私たちもお客さんに納品日を伝

▶一般的な経費と価格の考え方

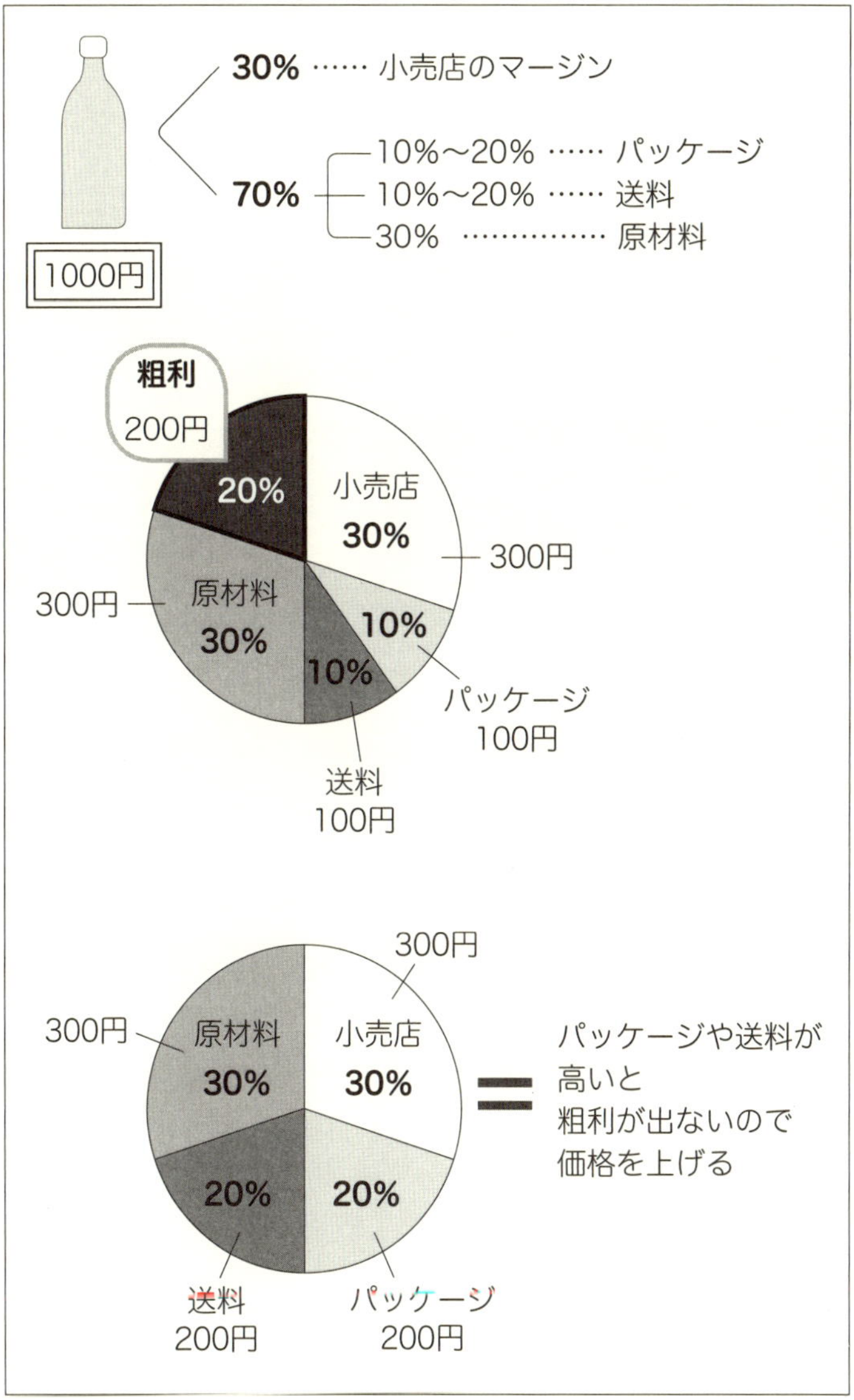

えることができません。そこでボトルを変えようと思い、メーカーや系列会社から直接仕入れるようにしました。

調味料の仕入れもかなり変えました。製法上、必要ないと判断して減らしたものもありました。逆に新たによい製品を見つけて、結果的にはグレードが上がったものもかなりありました。

一番の悩みの種は野菜でした。自然のものですので、突然、供給がなくなることもあります。ベジドレの野菜は、有機栽培（ＪＡＳ認証含む）で無農薬が基本です。レモンや柚子は、自然栽培（無農薬）のものだから皮まで安心して使っています。当初は取引先の生産者が安定していませんでしたが、今ではおつき合いが密になりました。生産者から直接仕入れているため、市場価格に一喜一憂することがなく、心が安らかでいられます。

それでも、原材料や資材の見直しで、原価は定期的にチェックしなければなりません。原価管理は、正直言って面倒な作業です。日々、製造・販売に追われているので、納品書を右から左に置くだけになります。つまり、納品書の価格が変わっていても気づかないこともあるのです。営業が最優先と思っていると、どうしても原価管理が後回しになってしまいます。後回しになると、結果的に営業も後手に回ってしまいます。特に円安が進んで値上げされた原材料等がありますが、それにどう対処するかの判断は原価管理に求められます。

私たちは、ここしばらく原価が上がった分は、販売ロットで吸収しようと考えています。つまり、最低ロットの本数を引き上げる方向で考えています。

自戒の意を含めてここに書きました。原価管理はキチンとしましょう。

パッケージが購入を左右する

容器は見栄え優先

お店に並んでいる商品は、一般的に試食せずに購入するものなので、何によって購入が決まるのかを常に考えなければなりません。

まず、考えられるのは視覚的な条件、つまりパッケージデザインです。色や容器の形状、材質と文字（書体、コピー）等です。自然志向の食品なら、黒や赤を使うよりも、木を連想する茶色や緑色、青空や湧き水を連想させる水色等のほうが効果的です。文字については、書かれている内容はもちろんのこと、**書体によってもイメージが左右**されますので、実際にパッケージのダミーをつくって十分に検討する必要があります。

パッケージで特に重要なのは、**容器の選定**です。私たちのような小さなお店で、オリジナルの容器をつくることは到底できませんから、既製品からの選択となります。

▶ベジドレのボトル

現在使用しているボトル。内容量は左から100ml、120ml、200ml。120mlのボトルは高さが20cmあって見栄えがよい。現在、メインで小売店に卸しているのがこのサイズ。

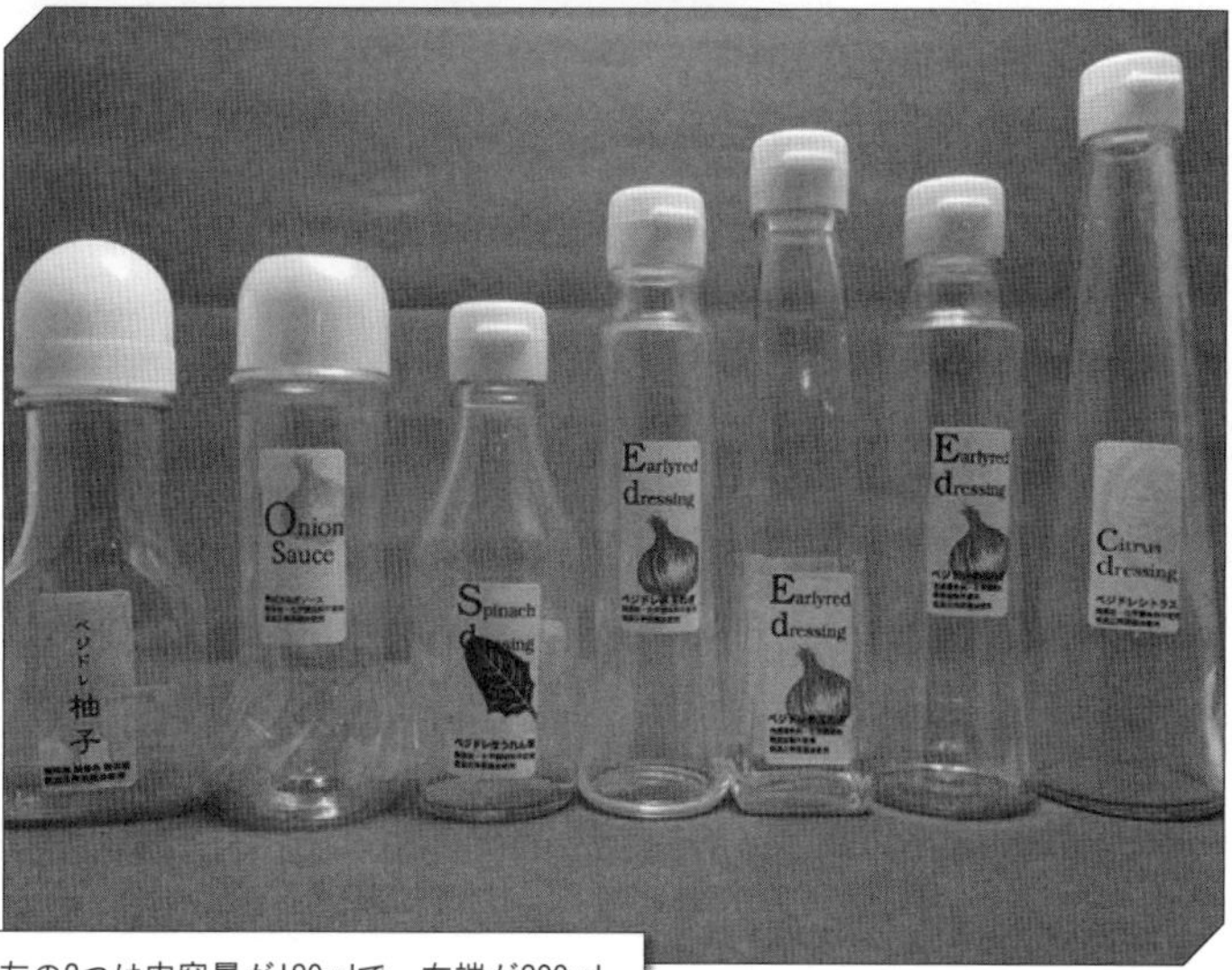

左の2つは内容量が180mlで、右端が200ml。容量は20mlしか変わらなくても、もっと差があるように見える。たとえ内容量が同じであっても、お客さんは「大きく見える容器」を選ぶ傾向にある。

ラベルデザインは商品の代弁者

ラベルは自分の代弁者。キャッチコピーで印象づける

売り場で試食販売ができるのなら、自分で商品の特徴を説明してお客さんに伝えることができますが、商品だけを売り場に陳列する時には、ボトルに貼られたシールが自分の代弁者となります。

スペースが小さいために最低限の情報しか盛り込めないので、どんな情報を入れて最大限の効果を生むかがポイントです。

「ベジドレ」のラベルも、発売当初から徐々に変えてきました。

最初（写真左）は商品名だけを印字したラベルで、今にして思えば、これだけではインパクトに欠けるのと、どんな商品か一瞬で識別できません。横25ミリ、縦53ミリというサイズでは、どう考えても入れたい情報が入りきらなかったのです。

▶「ベジドル」のラベルの変化

とにかく記憶に残るようにと試みたのが、真ん中のボトルです。このペットボトルの輪郭のラインがきれいなので、ごちゃごちゃとシールを貼って情報を入れ込んだら印象に残らないと思い、シンプルなデザインにしました。右側の写真はガラスのボトルで、メインのシールは共用しています。

ドレッシング売り場は戦場です。それぞれの商品ができる限りの表現をしています。色とりどりのラベルが多いので、逆にシンプルだから目立つこともあります。私たちは120ミリリットルのボトルの上方にシールを貼って自己主張しました。「原材料の半分以上が野菜と果物が入ったおいしいベジドレ」を前面に打ち出しました。

食品表示ラベルの製作（原材料表、賞味期限他）

食品表示ラベルは法律で規制されている

裏に貼られていることが多いので、私たちは裏ラベルと呼んでいますが、一般には「食品表示」と言われるものがあります。

食品表示はたった1枚の小さなシールですが、次々ページに掲げたように4省庁の法律で規制されていて、違反した場合には罰則や行政処分があります。

食品衛生法では表示違反について、2年以下の懲役または200万円以下の罰金（自然人）、法人に関しては1億円以下の罰金が科せられます。JAS法においては改善命令が出されますが、それに従わなければ1年以下の懲役または100万円以下の罰金（自然人）、法人については1億円以下の罰金です。たかがシールとあなどると大変なことになります。

▶食品表示ラベルに記載すること

アレルギー、コンタミネーション表示
表示義務があるアレルギー物質（特定原材料）は、卵・乳・小麦・そば・落花生・えび・かにの7種。原材料そのものを使っていなくても、醤油は小麦を使っているので「原材料の一部に小麦を含む」と記述する。
同じ生産ラインでアレルギー物質を使っていれば、混入する可能性があるため、たとえば同じ製造ラインで落花生を使っている場合には、「本品製造工場では、落花生を含む製品を製造しています」と注意を喚起する記述をする（コンタミネーション表示と言う）。

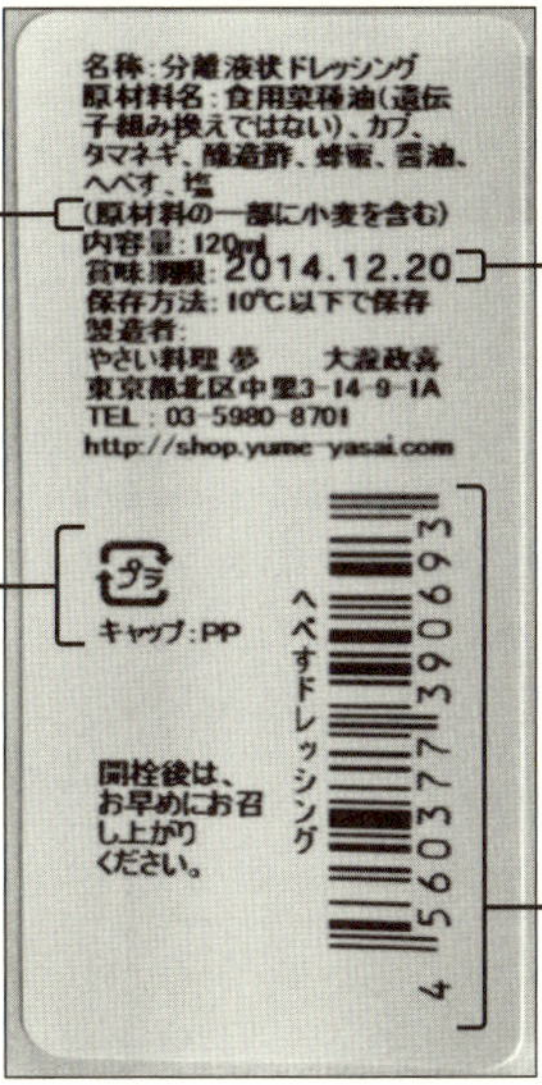

賞味期限／消費期限
消費期限か賞味期限のいずれかを表示。賞味期限（もしくは消費期限）と記載し、期限は年月日を記載する。たとえば「賞味期限：平成26年9月9日」、「賞味期限：14.09.09」もしくは「賞味期限：14.9.9」と記載。この場合の「14」は「2014」の末尾の2桁となる。通常の表記が困難な場合には「賞味期限：260909」、「賞味期限：140909」と表記してもよい。

JANコード
いわゆる「バーコード」のこと。小売店に卸す場合には必要となるので、登録申請をする（自分の店舗やネット通販だけで販売するなら不要）。申請すると固有の番号が付与される。バーコードの生成は、与えられた固有の番号以下最後の3桁を001番から999番まで任意で設定する。最後の1桁はチェックデジットと呼ばれていて、番号を入力された時に自動的に生成される。バーコードの生成は、ラベルプリンターのソフトに組み込まれている。登録申請書（有料）に詳しい小冊子がついていて、最寄りの商工会議所・商工会にある。商品開発の開始直後に早めに申し込むとよい。

識別表示（リサイクル表示）
資源の分別回収を容易にするために、容器包装がプラスチック製容器、紙製容器、PETボトル、スチール缶、アルミ缶等の場合、識別表示することが「容器包装リサイクル法」で定められている。ベジドレの120ミリリットルの容器は硝子製で、キャップがPP（ポリプロピレン）製。

▶食品表示に関わる省庁と法律

厚生労働省が管轄する法律

- 食品衛生法
  飲食による衛生上の危害を防止するため、名称や食品添加物、保存方法、賞味期限または消費期限、製造者の氏名や住所を表示
- 健康増進法、薬事法
  健康に関する誇大広告や、薬効について表示することを禁じている

農林水産省が管轄する法律

- JAS法（旧農林物資の規格化及び品質表示の適正化に関する法律）
  消費者が商品を適正に選択できるための情報表示をする規定。原材料名、食品添加物、原材料の産地名、内容量、消費期限または賞味期限、保存方法等が主な内容。遺伝子組替えや有機食品に関することもJAS法で規定される

公正取引委員会が管轄する法律

- 誇大表示や虚偽表示の規制

経済産業省が管轄する法律

- 計量法
  内容量等の表示規制

2015年4月、食品衛生法、JAS法、健康増進法が一元化された「食品表示法」が施行されました。ただし、新しい表示法への経過措置期間として5年間の猶予があります。

食品表示法では、新たに栄養成分表示が義務化されました。表示は5項目で、100グラムあたりのエネルギー、たんぱく質、脂質、炭水化物、食塩相当量（ナトリウム）です。

栄養成分表示が増えたことで、現行のシールではスペースが足りなくなるので、ボトルをリニューアルしてラベルを一新しようと計画しています。

新しい食品表示法では、原材料の中の添加物は、わかりやすいように別途記載しなければなりません。そして、アレルゲンに関しては個別記載、たとえば「醤油（小麦を含む）」のように記載することになります。また、先ほど書いた5項目の栄養成分表示が必要となります。

仕様書、チラシ、リーフレットをつくる

商品仕様書をつくる（原料規格、検査規格、作業工程表）

小売店の方などに商品をプレゼンする時には、企画書の他にその商品の情報をまとめた「商品の仕様書（規格書）」が必要となります。さらに原料規格書と検査規格書があれば完璧です。

作業工程表の提出を要求されることもあるので、商品ができあがるまでのフローチャートをつくっておくとスムーズに対処できます。特に催事では、現地の保健所の審査があるので、微生物検査の結果と作業工程表を求められることがあり、その準備を怠らないようにします。

▶ 事前につくっておくべき書類とその内容

仕様書
商品名、商品分類、売価、内容量、JANコード、原産国、製造者（販売者）、製造者住所、電話番号、担当者氏名、営業許可、包材、アレルギー、コンタミネーション表示、賞味期限設定（保存方法、賞味期限、賞味期限の根拠（生菌検査、化学検査、官能検査））、商品の特徴（他の製品との違いや優位性）を網羅したもの。最低出荷ロットと荷姿も書き加えるとよい。

原料規格書
使用する原材料名、原材料の情報（メーカー名、原産国・産地、遺伝子組み換えの有無、アレルギー物質等）を記載。ベジドレは食品添加物が無添加なので、食品添加物の記載はない。

検査規格書
食品の微生物（生菌）検査や化学検査、放射能検査等の検査結果、また、加工品でなければ、農薬使用の有無や抗生物質使用の有無等を記載。

製品規格書

作成日：2015 年 8 月 20 日
改定日： 年 月 日
改定日： 年 月 日

商品名	ベジドレにんじん	商品記号	
		JANコード	4560377390273
商品名カナ	ベジドレニンジン	表示内容量	120ml
商品分類	ドレッシング	原産国	日本
売価(税抜)	400	売価(税込)	432

製造者名(輸入者)	やさい料理 夢　大瀧政喜	担当者	小野美穂
		TEL	03-5980-8701
製造者住所(輸入者)	東京都北区中里 3-14-9-1A	FAX	03-5980-8701
		営業許可	飲食店営業、惣菜製造業、調味料棟製造業

アレルギー	☐アレルギー特定原材料等は含まれておりません	
	<特定原材料>	☐卵 ☐乳 ☑小麦 ☐そば ☐落花生 ☐えび ☐かに
	<表示推奨品>	☐あわび ☐いか ☐いくら ☐さけ ☐さば ☐牛肉 ☐豚肉 ☐鶏肉 ☐ゼラチン ☐山芋 ☑オレンジ ☐キウイフルーツ ☐もも ☐りんご ☐くるみ ☐大豆 ☐まつたけ ☐バナナ ☐ゴマ ☐カシューナッツ
	コンタミ表示	☐有 ☐無　コンタミ表示内容：

賞味期間設定	保存方法	☐常温 ☑冷蔵(10)℃以下 ☐冷凍( )℃ ☐その他( )
	賞味期間	☐出荷から ☐解凍後から ☑製造から (90)日間
	期限根拠	☑細菌検査 ☐化学検査( ) ☑官能検査 ☐その他( )

商品特徴	一般市販品との違い・優位性
このにんじんドレッシングは、野菜と果汁の使用量が原材料全体の 52.4%。野菜の使用量が増えると、容器の上部に野菜の繊維質が集積し、ドレッシングが出にくくなる。現在の比率は改良を重ねた結果の数値である。合成着色料、保存料は無添加、化学調味料不使用。オーストラリア産遺伝子組み換えでは無い菜種を日本国内で低温圧搾で製油。野菜は契約農家から直接仕入れ。基本は有機無農薬栽培で、有機 JAS 取得生産者、または、有機 JAS を取得していなくても栽培履歴の記録がある野菜を中心に使用。元々弊社レストランで野菜嫌いな子供や大人にもっと野菜を食べて欲しいと開発した商品です。	一般のドレッシングは、長期常温保存が可能な加熱殺菌が主流。弊社は非加熱の生野菜ドレッシングで野菜の風味が活きている。さらには油の割合も全体の 30% 以下。また、使用する油は、遺伝子組み換えではない菜種を、昔ながらの低温圧搾で絞っています。現在日本で遺伝子組み換えではない菜種を低温圧搾で絞った油を使用してドレッシングを製造しているメーカーはほとんどいないと思います。また砂糖ではなく、風味豊かな蜂蜜を使用している。

商品写真	一括表示
	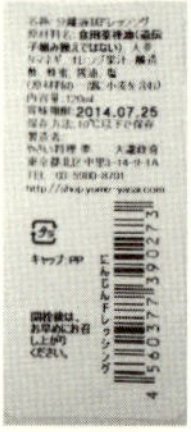

原料規格書

記入日 2015 年 8 月20日
No.

商品名：ベジドレにんじん

No	原材料名	原材料情報				備考
		メーカー名	産地	原産国名	遺伝子組換	
	菜種	高田精油所	熊本県	オーストラリア	X	
	ニンジン	つくばの風	茨城県	日本	X	産地は変わります
	タマネギ	自然農法	北海道	日本	X	
	オレンジジュース	兼松新東亜食品	スペイン	スペイン	X	ストレート果汁
	醸造酢	キッコーゴ	東京都	日本	X	
	蜂蜜	熊手蜂蜜	中国	中国		HACCP、抗生物質検査、異性化糖混入検査、規格適合
	醤油	キッコーゴ	東京都	日本	X	
	塩	美味と健康	石川県	日本		わじまの海塩

検査規格書

検査機関（　　　　　　　　　　）

栄養成分	
エネルギー(Kcal)	Kcal/100g
たんぱく質(g)	g/100g
脂質(g)	g/100g
炭水化物(g)	g/100g
ナトリウム(mg)	m/100g
その他（　　）	

検査機関　（　　食品微生物センター　　）

検査規格			
	検査項目	検査基準	検査頻度
細菌検査	一般生菌	300 未満　／g	
	大腸菌群	陰性　／g	
	大腸菌(E-coli)	陰性　／g	

農薬使用の有無：　有 □　無 □
<使用農薬名>

抗生物質使用の有無：　有 □　無 □
<使用抗生物質名>

チラシは必須

商品の写真や特徴、使用方法を載せたチラシは、ぜひつくっておきましょう。営業に使用することもできますし、商品販売時にお客さんに渡すこともできます。**商品の注文方法は必ず記載**しておきます。スマートフォンから注文される方も多いので、**QRコード**もぜひ載せておきましょう。

今はネットで申し込める格安印刷があるので、一度に大量印刷しないで、改良を重ねながら少量印刷をしていくことをお勧めします。

チラシの作製には、デザイナーが使うような特別なソフトは必要なく、企画書を書く時に使うパワーポイントでも印刷所に入稿できます。

▶ 小売店にもお客さんにも渡せる、
パワーポイントでつくったチラシ

送料とロット・荷姿の最適化を考える

送料をどう考えるか

商品を開発するまでは勢いでできたとしても、問題はそれをどう営業していくかです。メニューや盛りつけはお手のものでも、外部に販売するとなると未経験なことばかりです。原価計算と販売価格については126ページで書いていますので、ここではその他の経費について考察します。

まず、販売方法には直販と卸販売の2通りがあります。直販とは、お店やネット通販で直接お客さんに販売することで、卸販売は、問屋もしくは小売店に販売することです。販売先が一番気になることは送料です。私たちは通販大手と違って、「購入金額にかかわらず全国送料無料」はできません。

500円の商品を東京から名古屋へ送ると、常温便で756円、クール便だと972円になります。名古屋から東京まで買いに来るよりははるかに安い額ですが、クール便では商品の倍近い額になるわけですから、現実的ではありません。単純に考えれば、500円の商品は1256円、クール便であれば1472円の商品ということになります。

ロットや荷姿の設定

卸販売をするには**最低販売ロット**を決めます。一定の掛け率で卸価格を決めます。利益率の下限を決めることで、自ずと最低ロットが決まってしまいます。

「ベジドレ」の例で言えば、120ミリリットルの瓶を24本注文されたら、送料は実費をいただかないと、利益率の下限に届きません。つまり、送料無料にすると厳しいのです。ですが、最低ロットを40本に設定すると、何とか送料を負担できます。それでも、北海道や九州だと厳しいところです。

一番の解決法は、送料を負担していただくことですが、現実的には難しいと思っています。

実際に最低ロットを決める際には、**送料・本数・梱包する段ボールのバランス**を考えます。適正利益を確保しつつどこまでプラスマイナスの幅を許容するかを検証し、決めてい

▶ロットの決め方

❶ 商品の容量と価格を決める。卸販売を念頭に入れ、利益率を考える

❷ 卸販売をする時の梱包送料等を算出してから扱いを考える

❸ ネット販売等の直販での梱包送料等の扱いを考える

きます。箱のサイズによって送料が決まるので、そのサイズを基本とするのが合理的です。

実は容器も段ボールもすべて既製品から選んでいるので、宅急便のサイズとうまく合致しても容器が納まるとは限らないのです。その場合の解決策は、段ボールを特注でつくるしかありません。しかし、最初は予算を抑えるために、既製品に何としてでも納めるしかありません。

「ベジドレ」に関しては、メインで販売している120ミリリットルが納まる段ボール箱は、偶然にもピッタリ合いました。箱が決まって送料が決まり、入る本数も40本まで確認できました。そこから原価を再度確認して、最低ロットを40本としました。

「ベジドレ」の場合は、冷蔵便を使用するので、上限は120センチサイズの箱か、重さが15キロ以内でなければなりません。この条件から、自ずと送れ

る上限が決まってしまいますが、その中で採算ベースの最低ロットを決めなければなりませんでした。

利益に直撃する資材と送料

梱包送料等のコストを自分が負担するか、卸先に負担していただくかで、販売額にもよりますが、10～20％前後の経費が左右されてしまいます。それほど物流費は利益を直撃します。

お店を運営していると、価格は原価を中心に考えて算出するのが普通です。そこには卸すという感覚はありませんし、梱包して送料を払う感覚もありません。そこが実に危険なのです。

お店で料理を提供する場合と卸す場合では価格は大きく異なり、卸値は少なくとも定価の70％前後、条件によっては60％前後となることもあります。

教科書的には売価の30～40％が原価の指標ですが、それは人件費、家賃、水道光熱費その他諸々の経費が加味されていることが前提となっています。

価格決定や経緯負担の基準となるのが損益分岐点です。自分がどの位置にいるのかを損益分岐点から判断しなければなりません。

外販をはじめると、卸価格、梱包送料という新たな課題が出てきます。前述のように、販売額によっては簡単に10~20%のコストアップになり、粗利は30%前後減少します。これをまともにダブルで受けたら、簡単に採算割れします。

梱包資材は、大量に購入すれば単価は下がりますが、在庫スペースを考慮しなければなりません。少なくとも、家賃の高い都内では場所をとれません。包装資材屋から購入するか、段ボール製造工場が近くにあれば、ロットと価格を交渉してつくってもらうのが一番安いでしょう。

送料に関しては、宅配便がメインとならざるを得ず、各社から見積もりを取って、交渉の上決定します。格安の新興配送会社もありますので、条件が合えばかなりお得になります。ただし、このような会社は常温がメインで、冷蔵便はありません。

ロットの中に含まれる包材、送料以外の経費

「小さなお店だから、とにかく走るしかない」と思い、走りながら修正をしてきました。実際、商品をつくりはじめると、ゆっくり考える時間の余裕がないほど、することが激増します。だから、最初に要点をつかみ、走る前に方向を定めておけば、その分、軌道修正もしやすくなります。

お店でメニューを提供するのと違って、配送時には次の経費が付加されます。

①包材費（段ボール、エアーキャップ等の緩衝材、テープ、結束紐等）
②送料（冷蔵便、冷凍便の付加）
③容器代
④ラベル代

ここでは、容器代とラベル代と段ボールについて、私たちの考え方を書きます。最初に使用していたボトル（写真）は180ミリリットルで、ドレッシングを注いでも垂れることなく使い勝手はよかったのですが、本体と中栓とキャップの3点で80円に迫るものでした。一般的に容器の原価は10％以下に抑えないと利益を圧迫します。機能性もデザイン性も重視したいのですが、既製品となると、「帯に短かし、たすきに長し」です。できるだけ食材にお金をかけたいので、少しでも安く見栄えのよい容器を常に探しています。

経費の中で、意外に見過ごしがちなのがラベルです。小さくてお金がかからない印象が

▶コストがかかった「ベジドレ」の初代ボトル

あるかもしれませんが、あなどれません。

ベジドレの食品表示ラベルの印字には、ブラザーのラベルプリンターを2台使用しています。採用した機種は唯一メモリーを内蔵していて、パソコンと接続していなくても、内蔵メモリーに書き込まれたデータを印字できるものです。ラベルの原価は数円です。

問題はその他のラベルです。最初からフレーバーごとに大量にラベルを印刷しても、変更が生じて印刷が無駄になる可能性がありますので、カラーレーザープリンターでラベル紙にプリントしていました。

実際、発売当初から5回もラベルを微調整しています。まだ現状のラベルに満足していないので、今しばらくは現状維持でいきますが、将来的にコストを削減するには大量にラベルを印刷するしかありません。

既製品の段ボールは、サイズにより、税抜きで90円から１６０円前後します。原材料、人件費、送料以外のコストを考えていくと、削減対象になるのは段ボール等の包材と容器とラベルになります。ドレッシング売り場に行けば、何となくコストを削減しているように感じる商品がありますが、明らかにコストダウンをしているように見える商品にはしたくありません。

普段使いのドレッシングなら質実剛健なイメージでもいいのですが、ギフト用の商品を意識すると、どうしても見た目を気にしなければなりません。

ネット通販にかかる経費

ネット通販でも送料が気になる

ネットショップをはじめるための早くて簡単な方法は、ネットショップをレンタルすることです。ホームページをデザインできるなら、ネットショップを自分で構築することもできますが、クレジット等の決済システムの煩雑さを考えると、レンタルのほうがはるかに合理的です。レンタル料はさまざまで、クレジット決済の代行料金手数料もさまざまですので、総合的に判断して決めることになります。

大手の通販サイトに申し込むのも、どのような事業展開をするかで判断すればいいと思います。秋田で餃子をつくっている餃天さん（175ページ）は、悩んだ末に楽天で通販をはじめましたが、売れるようになるまで3年かかったそうです。大手は大手で競争が激しいと思います。

ネット通販で、購入者が気にすることのひとつが送料です。大手通販では、送料無料を謳うところが増えています。また、購入金額が一定以上になると送料の割引、もしくは無料にするサイトもあります。

私は通販をはじめる前に、数件の宅配業者から見積もりを取りました。最初は1ヶ月にどれだけの出荷数があるかはわからないため、宅配業者に聞かれても適当な数字を答えるしかありませんでした。結局、一番安い送料を提示した宅配業者に依頼しました。私たちのドレッシングは冷蔵品なので、通常の送料の他に冷蔵便の料金が最大で648円加算されてしまい、冷蔵代が加算されると、どうしても割高感が出てしまいます。

おかげさまで私たちのネットショップは、オープン当初から多くのご注文をいただき、毎日出荷していました。

大手通販サイトと違って、一般には私たちのネットショップを容易には探せないので、検索サイトの上位にリストアップされても、通販の売上には連動しませんでした。ところが、地方での催事販売と連動したのです。

地方で催事に出店するのは、1店につき年に2回前後なので、催事がない時期にはネットショップでご購入くださるお客様が増えてきたのです。しかし、東京から離れるほど配

▶ **宅配の種類によって送料は変わる**

普通便

冷蔵便

冷凍便

送料が高くなります。特に九州や北海道が割高になってしまいます。このようなことを加味して、ネットショップでは「1件で5400円（税込）以上お買い上げで送料無料」としました。また、お中元やお歳暮時期など、年に数回は、「2800円（税込）以上お買い上げで、送料全国一律400円」というキャンペーンをしています。包材と送料の約半分、九州と北海道に関しては半分以上を私たちが負担しています。

2800円で全国一律400円の送料キャンペーンを実施する理由は、120ミリリットルのベジドレ6本ギフトセットの値段が2808円（税込）だからです。

ギフトを贈られた方が商品を気に入れば、今度は自分で購入してくれるようになります。ギフトは多くの方に商品を知っていただくきっかけです

▶ **ネットショップにかかる経費**

❶	ネットショップレンタル料：月額3000円前後
❷	クレジット・コンビニ決済、その他決済方法に関する費用：基本使用料、手数料（売上の3%～）
❸	送料：条件による。要交渉
❹	包装材費：箱、包装紙、エアーキャップ、緩衝材、テープ等 特に段ボール箱は、規定サイズを1cmでもオーバーすると運賃が数百円変わるため、何種類かのサイズを、宅配便のサイズに合わせて揃えておくとよい。ギフト用の箱やリボン、シールその他も揃えておく。

から、ギフト需要をさらに高めたいとの思いで、送料値引きキャンペーンを実施しているのです。

また、購入金額に応じてポイントを付与しています。毎月末に購入者を2ヶ月の購入金額別に4つのグループに分けています。最大ポイントが10倍になり、5400円（税込）以上お買い上げ時の送料無料と合わせると、実質25％以上の割引になります。

催事出展にかかる経費

催事に出展するには、基本的には商品や資材を送るための送料と交通費がかかります。地方へ行けばさらに宿泊費もかかります。ドレッシングをつくって催事場へ発送するよりも、ドレッシングの実演販売でシズル感を出すほうが販売につながりますが、原材料の送料、機材の送料、容器等の送料、材料ロスも出ますので、目標売上を確保できないと経費倒れになります。「ベジドレ」の場合、原材料に基準を設けているために、すべてを現地調達することができません。そのため、どうしてもコストが上がってしまいます。さらに、現地で販売員（以下、マネキン）をお願いすれば、その経費（人件費と交通費）も加算されます。基本は2人販売ですので、こちらから1人で行く場合はマネキンをお願いすることになります。

商品の原価率や諸条件によって多少の誤差はありますが、地方の催事では概ね日販で10万円前後を損益分岐点と考えます。

催事販売では、売上金額から決められた歩合を差し引かれます。販売する場所によっては、広告宣伝費や備品代、掃除代も徴収されます。大きな物産展では、1人分の宿泊代と、商品や備品などの返送費を負担してもらえることがあり、ことに北海道や九州の場合は助かります。

全額負担でなくても、送料をその百貨店が契約している料金で、後から請求してもらえることもあり、通常の返送料に比較すればかなり安くなります。細かい話かもしれませんが、滞在中の食事代くらいは賄えます。

マネキン代は、都心部と地方とでは格差があります。また、地方でも都市部から離れた場所（通勤時間が1時間以上）にお願いする時は、出張手当のような経費が請求されることがあるため、事前によく話し合う必要があります。また、「**支払いは催事の売上入金後**」という条件で契約するようにして、なるべく持ち出し分を最小限に抑えるようにします。

交通費と宿泊費については、格安パックを探します。航空券や新幹線の予約日時の変更はできませんが、これが一番安い方法です。催事への出展が決まったらすぐに予約をします。価格はシーズンによって変動しますが、それでも正規料金に比べると格段に安くなります。

▶ **催事出展にかかる経費**

❶	催事現場までの旅費交通費・宿泊費・食事代 原材料、備品などの送料
❷	DM製作代金、郵送料、粗品代 （場合によっては百貨店の告知チラシ代に協賛する必要がある）
❸	現地販売員（マネキン）代 （マネキン会社への手数料）
❹	現場の備品、冷凍蔵庫、平台等のレンタル料 （全国うまいもの大会等の特別催事は無償が多い）
❺	催事運営者（百貨店等）への売上歩合

催事販売をする際、私たちは百貨店等の許可を得て（個人情報に関わるため）、次回の催事案内等を出すために、お客さんにお名前と住所のご記入をお願いしています。

地方都市で4回出展した催事では、約200人の顧客リストができました。催事の前には案内状を送りますが、前回の催事では台風が接近しても回収率は43%でした。

中には次回の出展予定を尋ねられ、それまでドレッシングをもたせるために10本購入してくださった方もいます。ベジドレはこのようなお客さんに応援されているのだと胸が熱くなりました。

開発資金に補助金

開発資金は補助金で調達する

2013年10月に、私は「無添加乾燥野菜ドレッシングの開発」で補助金を申請し、採用されました。この新製品開発補助金は、開発資金の三分の二を補助してくれるものです。補助金を受け取れるのは開発終了後になりますが、三分の二の補助は、小さなお店にとっては天の助けと思えるほど嬉しいものです。

申請には一定の書式があり、詳細を説明しようとしたら、新たに本が1冊書けるほどの量になってしまいますので、ここではさわりだけを紹介します。

この補助金は、経済産業省等の行政機関から商工会連合会等に委託されて、実施されるものです。各機関のホームページで公募案内をしています。地域振興機関という、行政から認定を受けた機関（銀行、信用金庫、中小企業診断士、税理士その他）から助言を受けながら開発をするというのが前提です。中には、地域振興機関が介在しない補助金もあります。

企画書は、図表をたくさん入れて、なるべく詳しく書くのがコツです。そして当然ながら、リアリティーのある販売計画が必要です。具体的な販売計画があれば言うことはありません。

補助金とは、新規の商品を開発して「販売」するために出すものであって、「研究開発」を補助するためのものではない、ということです。

採用された後の請求申請書や業務の報告書、稟議書、受払簿などの作成は大変でしたが、要件さえ満たせば、返済の必要のない補助金がいただけるというのは、大いに助かります。

事業計画を書くきっかけにもなりますので、ダメ元でも挑戦する価値はあります。

補助事業計画書

支援対象者名:有限会社ブレーントラスト

Ⅰ.事業計画

1.事業計画名

栄養価が高く保存に優れた無添加粉末野菜ドレッシングの試作品開発

2.開発を計画している新商品・新サービスの概要と特徴

(自社従来品及び競合他社との違い。優位性・新規性・独創性・独自性等がわかるように)

当社は約2年前からドレッシング業界では初となる「野菜に野菜をかける」生野菜ドレッシングの販売を行なっている。現在、全国の百貨店で催事販売を中心に事業を行ない、百貨店様からも高い評価を得ている。催事販売では約2年間の活動の成果から、リピート率も高く、他の出展者と比較して抜群の集客数があることで、最近では全国有名百貨店様よりお声をかけていただく機会も増えている。同時にネット通販も強化しており、当社の生野菜ドレッシングは、特に健康意識の高い女性の方から圧倒的な支持を受けている。

当社の生野菜ドレッシングの特徴は、原材料の半分以上が有機栽培野菜と果汁を使用し、無添加、無着色、化学調味料は一切使わず、かつ遺伝子組み換えではない低温圧搾の菜種油を使用しているところにある。このようなドレッシングは業界には存在せず、また、今までのドレッシングにはなかったパステルカラーを実現し、見た目にもインパクトがあり、販売に大きく寄与している。ただし、生野菜を使用しているので、商品の賞味期間は未開封で90日間と短く設定、かつ冷蔵保存となっているため、小売店での販売ではネックになっていた。

今回開発を計画している「無添加粉末野菜ドレッシング」は、上記の条件(菜種油とパステルカラーを除く)を基本に、野菜を乾燥させて旨味と栄養価が高めつつ、保存性を増す商品となる。なお、乾燥野菜はドレッシングに応用すべく粉末状にして提供していく。

現在、粉末ドレッシングは、主に塩やスパイスを調合した商品を2社、塩やスパイスに化学調味料や様々なエキス、乾燥バジルやパセリを調合した業務用の商品を提供しているところが1社販売をしている。

しかし、当社のような有機栽培野菜から作った乾燥野菜を使用した粉末ドレッシングは市場にまだ存在していない。同様に無添加粉末ドレッシングについても市場に存在しないまったく新しい商品である。

1)優位性

現在、乾燥野菜をメインにした粉末ドレッシングや無添加粉末ドレッシングは市場に存在しない。当社は2年前より全国で販売展開をしている生野菜ドレッシングの「ベジタブルドレッシング(通称:ベジドレ)」の知名度があり、乾燥野菜粉末ドレッシング(仮称ドラドレ)の販売において非常に販売展開で優位な立場にある。

2)新規性

現在3社ある粉末ドレッシングは、塩やスパイス、化学調味料等の添加物で作られたものであり、既存の調味料を調合しただけのモノである。弊社は、2年間販売して来た生野菜ドレッシングの進化形として開発するものであり、同時に乾燥野菜の製造ノウハウを実験により重ねてきた経験がある。乾燥野菜を使用した粉末ドレッシングはまだ存在せず、新規性は非常に高い。

3)独自性

当社の生野菜ドレッシングは、野菜嫌いな子供や大人が、どうしたら食べられるようになるかという考えが開発の出発点にあった。つまり、食育と医食同源に根ざしている。安全な食を消費者へ。その為に有機栽培野菜の使用し添加物フリーを開発の条件としている。競合が安価な製品を提供するために添加物を使用する商品とは一線を画しており、使用する野菜は契約農家と種の段階から打ち合わせをしたこだわりの商品である。今回企画する無添加粉末野菜ドレッシングも同様にこだわりをもって商品の開発を行う。また、従来の商品では保存性に欠ける部分を本商品は乾燥粉末となるため、保存性にも優れた商品となる。

4)独創性

単に安全で美味しく無添加だけではなく、機能性ドレッシングの実現を目指したいと思う。機能性食品素材としては、オリーブの葉、桜の花、柚子種、シソの実などを添加し、かつ粉末であるため、各種料理にアレンジしやすく、料理の幅が際限なく広がる可能性を秘めている。

6
章

どのように販路を広げ、売り伸ばすか

営業・販売 実践ステップ

販売目標と生産キャパシティーを設定する

どこをめざすか

さて、商品開発を進めて外販を加速していく前に、3年後、5年後の自分がどうなりたいかを考えます。飲食店が外販を展開していく上で、次の3つの選択肢があると思います。

①飲食店と外販を両立させて営業する戦略

小さな飲食店では、大がかりな設備もなく人材もいないので、できる範囲内で両立するだけでも、売上は現状より増えるはずです。現状プラスアルファの戦略です。

②飲食店と外販を個別に展開する戦略

どこかの時点で設備投資と人材の確保をする必要がありますが、販売の推移を見ながら、外販をもう一本の事業として確立させる戦略です。商機を見極めなければなりません。

③事業形態を変え、外販を専業とする戦略

今の私がこの形態です。お店は2013年7月に休業し、今は外販に専念しています。最初は店内販売とネット通販をしながら小売店にも卸販売を行ない、1年後には百貨店等の催事販売をはじめました。

催事販売の期間は、最低1週間、長いと2週間あります。そのため、催事に出るとお店を休業しなければなりません。月に2回出展するとなったら、準備期間や地方への移動日を含むと、ほとんどお店は休業状態になります。一昨年の1月と2月は開店休業状態が続き、オープン以来最悪の売上を二度も更新しました。

「ベジドレ」の売上は堅調に伸びてはいましたが、外販一本でいけるという確信を持つまでには至っていませんでした。それでも、「ベジドレ」製造・販売に時間がとられるようになり、いよいよ店との両立が不可能になりました。

決して私に余裕があったから休業をしたのではなく、生き残るために全力を傾けるしかない状況に追い込まれたがゆえに休業したのです。そうして自分を追い込んだからこそ、今があります。中途半端にお店も外販も並行して営業していたら、結果は明らかでした。

埼玉県さいたま市のチーズケーキ専門店「ダンテ」は、元々はイタリアンレストラン。デザートの素材にこだわった無添加のチーズケーキが人気で、多くのお客様のご要望から、チーズケーキの専門店をオープン。現在は3つの店舗と楽天とヤフーショッピングで、飲むチーズケーキの「ラッテオ」、熟成古酒とチーズ、酒粕とお米を使用した「八極」を販売。飲食店からチーズケーキ専門店に業態転換して、店頭販売、催事、通信販売を展開している。

ダンテ：埼玉県さいたま市浦和区元町1-31-15

現状の生産キャパシティーと目標の生産キャパシティー

最近よく仲介業者さんに尋ねられるのは、**現状の生産キャパシティーに余裕があるか否かです**。私たちはすべて文字通りの手づくりですので、当然のことながら1日の生産量が限られます。引っ越しをして、新たに製造ラインと人員を増やせば可能になると思いますが、現状で人を増員しても生産量は2倍にはならないとみています。

「ベジドレ」以外に、OEMでドレッシングを製造していますし、その他に商品開発の相談や依頼もありますので、余裕を持った目標の生産キャパシティーを決めています。特に、原材料の野菜は天候などにも左右されますので、リスクヘッジしておくことは大切です。

生産キャパシティーを明文化して卸先へ伝えることも重要です。得てして小さなお店は背伸びする傾向がありますが、**生産キャパシティーを越える注文を受けてしまい、チラシ等に掲載した現物が納品されなかったら、大問題になります**。あらかじめそれを伝えておくことで、無理難題を未然に防げるという効果もあります。

現状の生産状況を把握しつつ、目標とする生産キャパシティーを実現しなければ、事業の拡大につながりません。それはキャパシティーを越えそうになった時の対処も考えていなければならないことを意味します。簡単そうに書いていますが、実はすごく大変だと感じています。

私たちは、製造工程を何度も時間に換算してきました。野菜の洗浄、カッティング、調合、ボトルへの充填、ボトルのラベル貼り（これが結構、時間がかかる）、打栓、発送伝票、納品書作成、梱包など、発送できる状態までの時間を計測して生産キャパシティーを算出しています。合わせて、野菜の入荷状況、注文状況も考慮して、リードタイムを決めています。リードタイムは、注文から納品までに必要とする時間です。

ドレッシング販売をはじめた頃は、注文が入ったらすぐにつくるパターンでしたが、それはまったく非効率でした。仕入れの面からも、作業効率の面からも無駄が多すぎました。リードタイムを決めれば、注文がまとまってくるので、効率よく製造して発送できます。

店内での販売戦術

私のお店では、「ベジドレ」を店内で販売したところ、来店客すべてが購入（組数で計算）した日が1回ありました。販売個数で言えば、1日平均で10本前後を売っていました。なかなかの数と言えると思いますが、売るために、まずは味を知っていただくことに専念しました。ランチでサラダを提供する際には、全種類の「ベジドレ」を試食できるようにしていました。好きなだけ、かけ放題です。

試食で気に入って、自宅用に購入してくださる方には、「つくりたてをお入れします」とお声掛けしていました。

店内での販売は非常に重要です。重要と言うのは、最も購入者とコミュニケーションが取れる場だからです。

お店のファンになってくださっている固定客も多いので、最強の応援団になっていただける素地もあります。

このようなことがありました。アメリカ人の旦那さんとランチにご来店くださっていた奥さんが、「ベジドレ」によって生野菜が食べられるようになりました。数年後にハワイに移住する予定で、わざわざ「ベジドレ」をハワイへ持ち込んで、試食会を開いてくださったのです。ハワイの試食会での意見や要望を細かく教えていただきました。他にも、お客さんの結婚式の引き出物に「ベジドレ」を使っていただいたこともありました。

店に買いに来てくれる方を大事にする意味で、外販を開始した後、店内での販売価格を下げました。「お店までの電車賃をお返しする」という気持ちでしたが、そうしたちょっとしたサービスから、応援団になっていただけるケースもあると思います。

店内での販売は、ただ商品を置いておくだけにとどまりません。店内販売で行なっているコミュニケーションは、小売店への卸販売の営業でも、催事販売でも応用できます。言うなれば、販売促進の研究所として機能すると考えてください。

ですから、貴重な感想は必ずまとめておきます。営業時間中は追われているのが常ですが、箇条書きでもメモを取ることが非常に大切です。ほとんどの大手通販サイトには、必ず購入者の声がずらりと掲載されています。気になる商品であれば、購入者の声は読まれます。

ネットでの販売戦術

ネット通販の位置づけ

ネット通販のことをよく聞かれます。そしていつも同じように答えます。

ネット通販をはじめたからと言って、すぐに注文が殺到するわけではありません。楽天市場やヤフーショッピングなど、ネット通販のショッピングモールに出店するのと違って、独自ではじめた場合、集客力はまったくありません。ブログやフェイスブックから購入していただけることがあるくらいです。

私のネット通販に対する考えは、**地方で催事をした時、購入者のリピート注文を受けつける場**という位置づけです。地方のリピーターの中には、お祝いごとのお返しに使っていただくことが多いのが特徴です。

「ベジドレ」は、ギフトに向いているようで、少なくともお中元やお歳暮、そして年末年始の需要はかなりあります。意外だったのが、母の日のプレゼントとしてのご用命が多かったことでした。結婚式の引き出物での需要もあります。今後はさらにギフトを強化したいと考えていて、ちょっとした手土産として2本セットや3本セットも用意しています。120ミリリットルの2本セットは864円、3本セットは1296円です。時々、200ミリリットルを1本だけお買い上げくださるお客さんがいるのですが、送料のほうが高いのでオマケを同梱してしまいます。

小さなお店がネット通販という販売チャネルを単独で開設しても、運営が容易ではないと思います。リアルなお店を開店するよりも難しいかもしれません。

リアルなお店の前には人の往来があるので存在はわかります。しかし、一般の方のパソコンやスマホに自分のネットショップを表示させるのは至難の技です。

ネットショップを何と連動させるか

仮に奇跡的に、検索上位に表示された上でクリックされたとしても、興味を惹くコンテンツでない限り、購入に結びつく可能性は高くありません。ネット通販は全世界に発信できる反面、天文学的な数のネットショップがあるので、購入に結びつきにくいのです。

私たちはブログの読者数が多かったので、ブログでネット通販を開始する告知をしました。そして、ネット通販を2011年8月23日の午前零時にはじめた瞬間から注文が入りました。

仮にSEO（検索エンジン最適化）対策をして、検索上位に表示されたとしても、それでは売上が立つことはなかったと思います。小さなお店が単独でネットショップを立ち上げて、売上を確保していくには、購入動機のある顧客に知ってもらわなければなりません。次ページのような対策が有効です。

なお、SNSで情報発信する場合には、売ろうとする気持ちが入り過ぎると敬遠されがちですので、注意が必要です。

ネット通販は決済方法が決め手

私たちのネットショップは、開設当初の決済方法が「銀行振り込み」のみでしたので、お客様は不便だったと思います。その後、11年12月に支払方法の選択肢を広げ、「クレジットカード」と「代金引換」を設定しました。これは、配送業者との契約で実現しました。

このクレジット決済は手数料が安いのが魅力でしたが、手続きが煩雑で、お客さんから

▶ 自分のネットショップを知ってもらうには？

❶ ブログ等のSNSから情報発信する

❷ 催事販売やマルシェでチラシを渡し、
リピート注文対応の窓口とする

❸ お店のホームページからリンクする

❹ 友人知人のSNSでリンクしてもらう

❺ お取り寄せ情報サイトからリンク

「支払い方法がわからない」という声が寄せられるようになってきました。その頃、クレジットでの注文が増えてきたこともあり、ネットショップの運営会社と提携しているクレジット代行業者に変更しました。これにより、毎月の手数料の料率が上がり、一定の運営手数料も差し引かれ、さらには支払サイトも約2ヶ月後となるなど、条件は厳しくなってしまいましたが、お客さんからは「便利になった」という声を多くいただいているので、変更したのは正解だったと思います。

お店の近くにバイパスができたことでお客さんが激減してしまった、秋田県由利本荘市の「奥州らーめん」。商圏を日本全国に広げるべく、通販をはじめることを決意。餃子の開発に乗り出す。競合店と差別化するために考えたのが、「餃子をハレの日に」と、紅白の餃子。使用する原材料は地元秋田県をはじめ、国産食材に限定。食品添加物を一切使わない無添加餃子をつくり上げた。購入動機も差別化要因も価格の値頃感もある、手軽に食べられる商品が完成した。

販売する通販サイトとして、個人でサイトを立ち上げるという選択肢はなく、ヤフー、アマゾン、楽天市場とを検討し、楽天市場を選択。「餃天」の名で出店した。ネット通販大手の楽天に出店してすぐに売れたわけではなく、売れ出すまでに3年の歳月が過ぎた。その間、餃子をタレで食べるという概念を振り払って、餃子そのままでおいしく食べられる工夫をしたり、特製の味噌ダレを開発するなど、徹底的に差別化を図った結果、楽天市場の餃子・中華点心・惣菜の3部門でランキング第1位を獲得。どんなに商品が売れても、工場生産をせずに、今後も手づくりに徹する方針。
奥州らーめん：秋田県由利本荘市岩城二古字草刈道17-1

マルシェ・商談会・展示会での販売戦術

マルシェの特徴

外販で一番ハードルが低く、かつ、直接お客さんとも話せるのがマルシェです。現在、相当数のマルシェが各地で開催されています。百貨店等の催事と比較すると、マルシェは精神的にも金銭的にもかなり楽です。ネット検索すれば開催場所などの情報がわかるので、まずは見に行ってみることをお勧めします。メールで問い合わせをすれば、出展方法がわかります。出展の際は、わかりやすい商品説明のチラシを用意します。

商談会の特徴

商談会というものがあります。要は売り手と買い手が集まるイベントです。私が参加させていただいた商談会には、百貨店やスーパー、その他小売店等のバイヤーが集まりました。

「常温保存ができなければ売れない」「冷蔵で賞味期限が短くても売れるものは仕入れます」など、「ベジドレ」に対する考えもバイヤーによってさまざまでした。百貨店やスーパーによってバイヤーの意見が違うので、今後の販売戦術を考える時の参考になると思います。もちろん、バイヤーとの出会いは販売先の確保として、事業を加速する上でも必要です。

展示会の特徴

展示会には、商品サンプルとチラシや規格書の用意が必要です。卸価格を聞かれることが多くあります。

ビックサイト等で行なわれる展示会は、出展料が高いので私は単独で出たことはありませんが、卸先が出展することが多く、サンプルを出させていただいています。

ＦＯＯＤＥＸをはじめとする展示会等へ行くと、日本に限らず世界中の珍しい食材を見たり試食できたりします。来場者数が半端ではないので、こちらが興味を示してもなかなか対応してもらえませんが、各ブースの販売手法を見るのも一考だと思います。

また、マルシェや商談会、展示会で開発コラボレーションをするきっかけを見つけることもあります。「ベジドレ」の場合は、出店者との出会いによって新たなフレーバーができたことがありました。バイヤー、生産者との接点をつくる場としても重要です。

催事での販売戦術

催事販売とは

百貨店等の催事は、食品売り場の催事区画で行なう「**平催事**」と、特設会場で行なう「**物産展**」等の催事に分かれます。物産展に出展するのは簡単ではありませんが、平催事で実績を出せばお声がかかるようになります。物産展は食の一大催事なので、集客力も半端ではありません。

平催事は地下の食品売り場で行なうので、その売り場の特性によって売上が左右されます。特に夕方以降は夕食の買い物が多く、値下げした総菜類に人が集まります。ドレッシングの場合、夕方までが勝負です。逆に言えば、昼間の客層が商品の売上を決定するということです。

百貨店等へ行ったら、昼間の客層を見極めることを習慣にしてください。百貨店等は、それぞれの立地に合わせた集客をしていますので、いくら集客人数が多くても、自分の商品が売れない店もあります。販売対象となる客層がいなければ、そこではどうやっても販売は伸びません。

ドレッシングは嗜好性に富む商品アイテムですので、「収支とんとんなら、広告宣伝」と割り切って出展しています。とは言え、実際は赤字になることもあり、特に消費税増税直後はかなり影響を受けました。

特設会場の物産展の催事では、終了時まで売れます。「ベジドレ」の売上記録は、物産展に出展するたびに更新されています。しかし、平催事でも物産展でも、出展場所によって売上が大きく左右されます。

出展するお店の配置を工夫することにより、うまくお客さんの動線をつくっている百貨店があります。その百貨店は部長から係長までが、「ベジドレ」をよく理解してくださっています。実は、売れるためには、販売先に商品を理解していただくことが一番重要なのです。

また、売れていた場所であっても、次も売れるとは限りません。それでも、改善する方法はあります。それは、確実な販売促進ツールである顧客リストを、毎回必ずつくっていくことです。催事の際は必ずお知らせのＤＭを送ります。催事は非日常的なイベントですから、顧客のリピート率はかなり高いのです。さらに地方の催事だと、ネット通販を使ってリピートしていただけることも少なくありませんが、どうしても自然減が発生しますので、リストは常に増やすことを心がけます。

販売の心得

催事の売り場へ行くと、〝縁日気分〟にならないでしょうか。特に物産展は縁日そのものだと思います。商品を販売する上でも、活気のある対応は必須です。そして、できる限り試食をしてもらいます。試食がどれだけ大切かと言えば、「ベジドレ」の場合は試食したお客さんの約9割が購入してくださいます。物産展だと、やはり普段買えない商品へ目が向くのでしょう。

はじめて催事販売をした時には、右も左もわからず心身がボロボロになりました。自分のお店では売れているのに、なぜ催事では売れないのか、わかりませんでした。

催事現場の立地によって客層が違うのと、さまざまな条件が絡んでいるので、一概には言えませんが、通り過ぎる人を立ち止まらせないと、まるで激流の前に呆然と佇んでいるような状態になります。

試行錯誤の末、「ベジドレ」の試食販売では、野菜の中心をくり抜き、くぼみにドレッシングを入れるようになりました。パレットのようなお皿を使うことで、お客さんの目を惹いて立ち止まらせる効果も出ています。

試食をしてくれるお客さんを確保したら、1人、また1人と増やしていきます。人だかりがあると、人は「何だろう？」と思い集まってきます。だから、できるだけ人だかり状態を長く持続させます。

では、長く持続させるためにはどうしたらいいのか。それは、**試食にかかる時間をできるだけ伸ばす**ことです。

食材によって方法はさまざまですが、たとえば量を増やす、フォークを使うところを爪楊枝にする、汁物は熱くする、食べ終わったら次の試食を出す……いろいろと考えられます。

お客さんが立ち止まるような、目を惹くような商品ディスプレイも効果的です。立体的にディスプレイするとボリューム感が出て、自然とお客さんの目に止まります。

「ベジドレ」の場合は冷蔵品なので、冷蔵ショーケースにディスプレイします。冷気が及ぶ範囲が限られているため、目を惹くような立体的なディスプレイにするのは難しいのですが、トークも工夫して、なんとか立ち止まらせ、試食をしていただき、販売へ導きます。

と言っても、これが簡単なようで難しいのです。声を掛ける際に、向かって来るお客さんの正面から接すると、逃げてしまいます。お客さんの横からカニのように近づくと、逃げられません。**横からだと威圧感がない**ようです。

広島福屋八丁堀本店の催事「全国うまいもの大会」に出展した際のディスプレイ。カゴを使ってなるべく立体感が出るよう陳列

百貨店等の催事販売への営業方法

私が百貨店の催事にデビューしたのは、9年前にアイスクリームの輸入販売をしていた頃です。知人に催事担当者を紹介していただき、サンプル持参で伺いました。それ以降の催事営業は、電話で問い合わせて、アポを取ってサンプル持参で打ち合わせに臨みました。

最近は百貨店をはじめ、小売店舗のホームページに、営業の売り込みに対する問い合わせページがあります。売り込む商品の特徴やセールスポイント等を書き込んで送信します。おおむね数日後に返信がありますが、中には「1週間返事がこなければ不採用」といったことが書かれているページもあります。

「ドレッシングは現在採用していません」という返事が届いたこともありました。商品の写真や実物を見ず、文字だけで判断されるので、実際の催事販売よりも売り込むのが難しいのです。紹介を受けて、実際に会って話をするのが一番です。そう考えると、商談会や展示会はとても有効な手段と言えるでしょう。

▶ 催事におけるお金の流れ

●直接取引

催事販売が決まると、取引口座を開設する。催事期間中の売上は、いったん百貨店のレジに入り、規定の歩合を引いた額が自分の口座に振り込まれるのが一般的。

●口座元を通しての取引

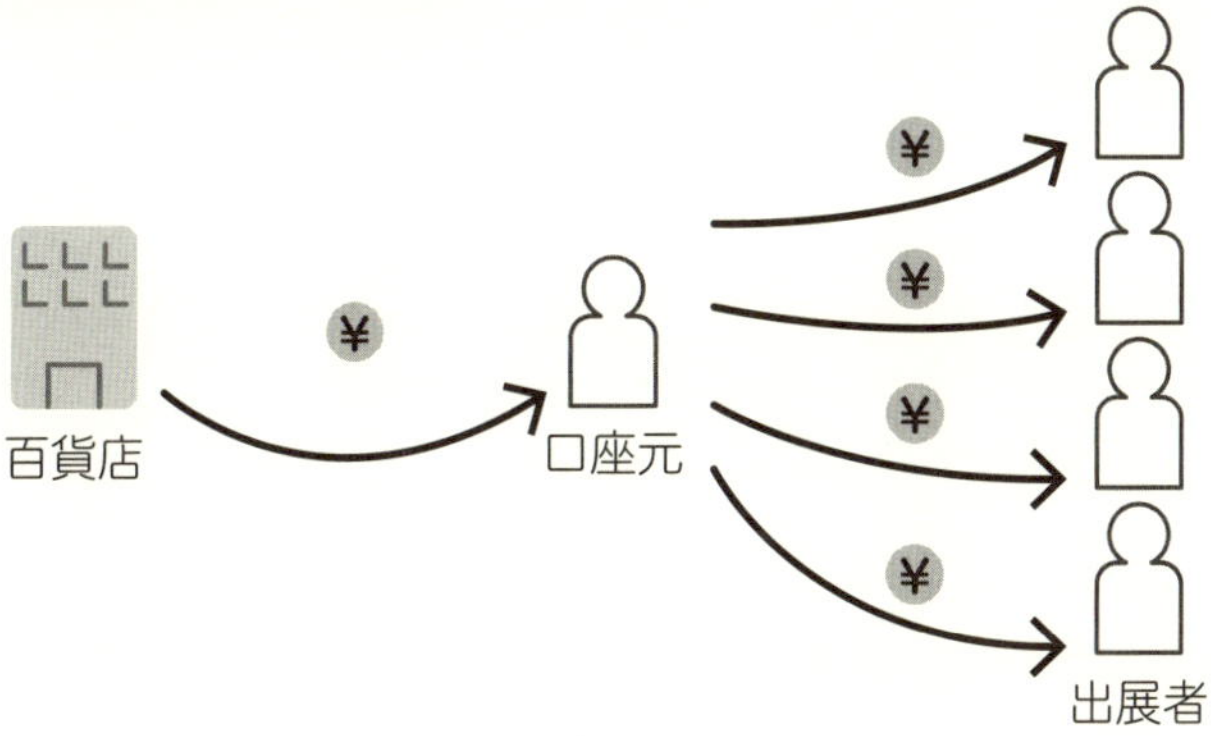

百貨店との取引口座を持ち、多くの出展者を束ねている「口座元」を通して出展するパターン。百貨店の歩合だけでなく、口座元に対する手数料が引かれる。信頼できる口座元を選ぶことが肝要。

なお、販売実績は正確な数を伝えましょう。店内のみで販売していて、1日3個しか売れていないのに、見栄を張って「10個」と書いたら大変です。

飲食店では「1日に3皿しか注文されないメニュー」は「売れないメニュー」ですから、「せめて10個」と言いたくなる気持ちはわかります。ところが、小売店で「1日に10個売れる商品」は、25日営業なら月間250個売れる、大ヒット商品です。

その点は飲食店の感覚と異なるので、確実な販売数を確保するように営業活動してください。

販売以外に商品開発を受託する

生産者とのコラボレーション

お店を営業していた時は、質の高い生産物を見つけて、それをすぐにメニュー化できることが楽しいものでした。料理をつくって一般のお客さんの評価をいただくことは、商品開発をしていく上でとても励みになります。それをすぐに生産者にもフィードバックしますので、生産者にとっても、自分がつくった生産物の感想が聞けるので、これまた励みになります。

お店の営業中は、いい食材を見つけると生産者から直接仕入れて、メニューとして提供していましたが、休業した一昨年の7月以降はそういった食材を使った「商品開発」を受託しています。

静岡県の漁師・田中さんの桜えび

静岡県の漁師、田中一さんは、桜えびとしらす漁をしています。この桜えびとしらすが感動的な味だったので、今はそれを使って商品開発をしています。

農林水産省が推進している、農業の六次産業化（一次産業従事者が、生産物の加工・販売までを手掛けること）には、多くの課題があります。それぞれの仕事で、専門知識と技術とやり抜く意思が必要です。私は多くの生産者と会って話をしてきましたが、やはり「餅屋は餅屋」だと思っています。

つくろうと思えばつくれるかもしれません。つくったものが「おいしい」と言われるかもしれません。しかし、10年も20年も革新し続けながら運営していくのは大変なことです。

それを理解している生産者の方から、商品開発の相談がよく寄せられます。


もやしの商品開発も手掛けました。

もやしは一般的に安く売られている商品で、最安値では1袋19円で売られているところがあり、不当な安さと言わざるを得ません。

これらのもやしはエチレンガス（成長抑制作用）を使って、もやし本来の成長を抑えて、胚軸を太くしています。水分をたくさん含んでいて、味が薄いのが特徴です。

これに対して、私のお店で使っていたのは、NHKでも紹介された、深谷で有名な飯塚商店のもやしでした。薬を使わず、昔ながらの手法で栽培しています。このもやしに付加価値をつけるための商品開発をしました。名づけて「たたみもやし」です。

左上の写真は「たたみもやし」12グラムで、税込み400円です。軽く炙って食べたり、サラダやお浸しにトッピング、アイスクリームにトッピングして召し上がれます。

飯塚さんからもやしの栄養素の分析データをいただいたところ、GABA（ガンマ-アミノ酪酸）が100グラムあたり33ミリグラムもあることがわかりました。乾燥された「た

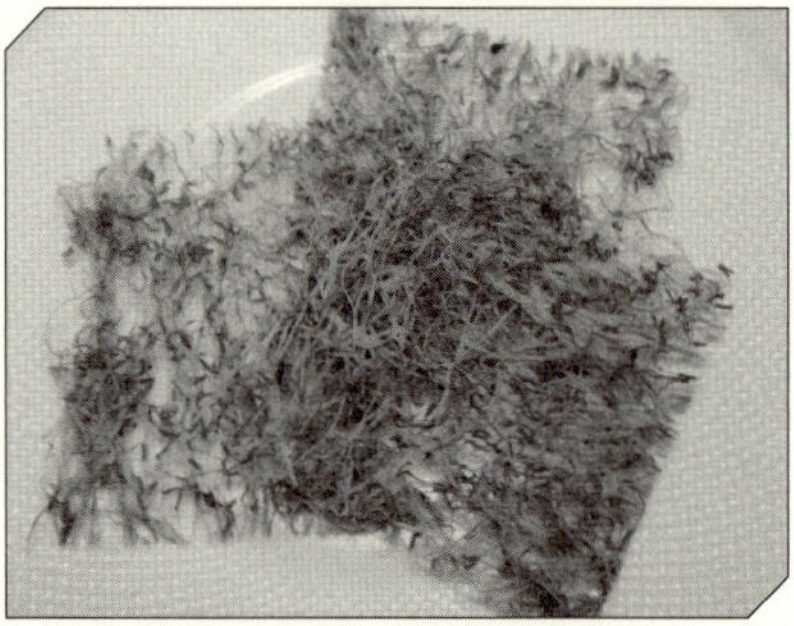

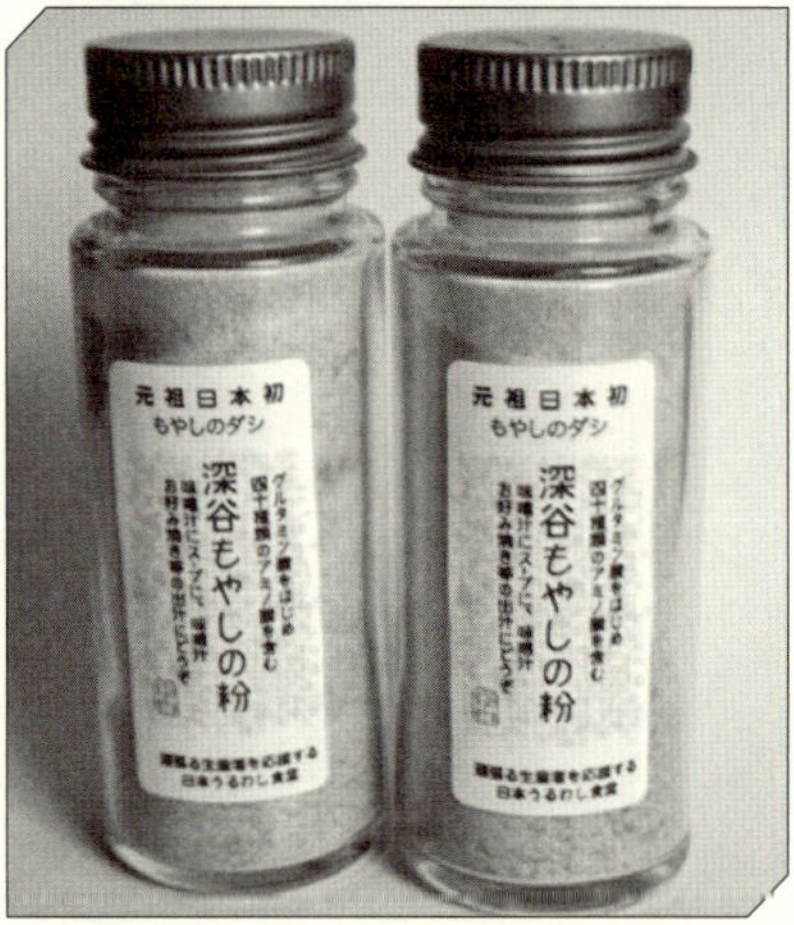

たみもやし」は元の重量の10分の1以下になっていますので、同じ100グラムであれば、GABAは単純計算で330ミリグラム含まれていることになります。

さらに、もやしには各種アミノ酸が含まれていて、特にグルタミン酸が豊富なので、出汁としても使えると考えました。粉状の「たたみもやし」は、出汁の素としての利用を考

もやしの生産者・飯塚社長と筆者

深谷もやし

えて開発したものです。

在来種を守っている飯塚さんの考えと、もやし栽培にかける情熱ともやしの生命力に感動した私は、今や価格があってないような、もやしの付加価値を高めたいと思い、それが商品開発をする上での原動力になっていました。

飲食店オーナーや食品開発者は、生産者と消費者を介する立場にあります。こうした本物の生産物をどのようにして消費者に提供するか、それが職務だと思っています。

海外での販売も夢ではない

今後、考えられる展開

2013年、2014年と「ベジドレ」の共同開発者である小野美穂が、カリフォルニア州バークレーで行なわれるチャリティーディナーのシェフとして料理をつくりました。このチャリティーディナーの収益は、すべて福島県の子供病院へ寄付されています。

私たちは、ボランティアで活動しながら、同時に、「ベジドレ」に対する海外での反響・動向を調査して、今後の開発にフィードバックしたいと考えていました。

チャリティーディナーにはさまざまな業界の方が参加し、おかげさまで大好評。私たちにも、「『ベジドレ』を取り寄せられるのか」という質問から、「『ベジドレ』を販売したい」というオファーまでいただきました。

以前、輸出入の実務をしていた経験から、輸出するにはそれなりに時間と費用がかかることがわかっているため、今回はペンディングとしましたが、国内での販売が軌道に乗って一段落したら、海外での活動に転じようと考えています。その他にも海外案件をいただいていて、今から楽しみにしています。

このようにして、立地条件の悪いお店でつくられた「ベジドレ」というドレッシングが、北は北海道から南は沖縄まで、そしてアリスウォーターのいるオーガニック料理の聖地、カリフォルニア州バークレーまで知られるようになりました。すでに、「通販してほしい」との連絡もいただいています。

国際クール便は現在、台湾、香港そしてシンガポールの3国だけですので、送ることができず、現在、現地での販売方法を考えています。

「ベジドレ」の販売をはじめてから4年の月日が流れました。「おいしい、安心、楽しい、手軽」を追求することで、海の向こうでも喜ばれる商品になるのだと、今、強く実感しています。まだ小さな一歩ですが、積極的に海外へもアプローチしていきます。

▶カリフォルニア州バークレーのチャリティーディナーの様子

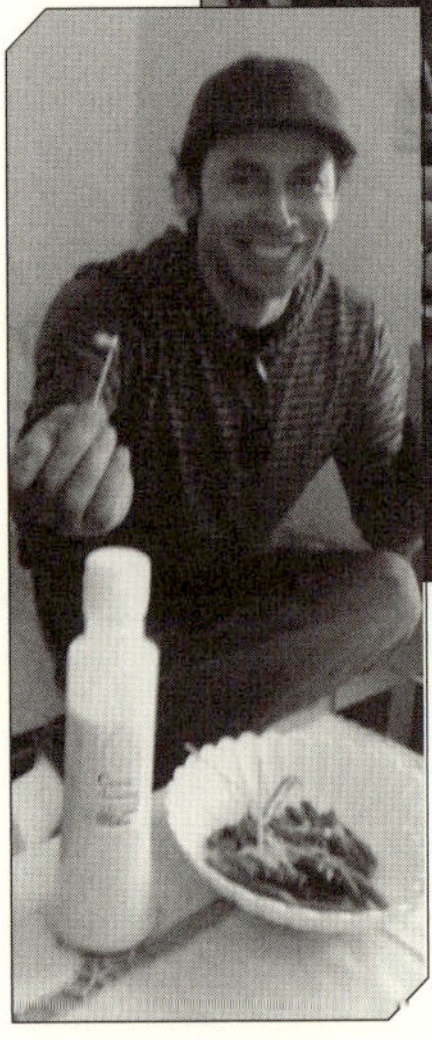

おわりに　あるべき食の姿にこそ、小さな飲食店が生き残る道がある

私は現在、「日本の食の歴史」を調べています。さまざまな文献と自分の経験とを照らし合わせて考えてみると、日本の食は古来より、保存や消毒殺菌ということに対して、実にさまざまな工夫（革新）をこらしてきたことがわかります。

たとえば、生ものの殺菌に日本原産のワサビを使ってきました。食物の保存には酢や生姜、味噌、塩、醤油などを活用してきました。食材は基本的にすべて地産地消です。

ところが、高度成長期に大都市圏が形成され、地方から大都市への労働力の移動にともなって、保存料や化学調味料などの添加物が開発され、消費期限は飛躍的に伸び、食べ物を全国各地へ流通できるようになりました。この革新的な出来事によって、本来スローフードであった和食がファーストフードになったと言えます。

言葉を変えれば、大手外食産業によって味の均一化が促進されて、どこで食べても同じ味で提供できるようになったのです。

その流れに乗って、小さなお店が大手外食と同じことをしたら、価格の面では勝負になりません。

消費者もまた、原点回帰しているのを肌で感じます。モノから時間へ、そしてこれからは、つくり手の心が求められるようになると考えています。

人の身体は、食べ物でつくられています。胃袋が満たされても、心が満たされなければ違和感を覚え、精神のバランスを失うでしょう。心を豊かにするのは、つくり手の心のこもった食材であり、料理です。これができるのは、小さなお店しかないのです。

私は今、店を休業して商品開発に専念しています。お店は、食べたお客さんの笑顔がたくさん見られる最高の場所なので、またいつか、再開したいと思っていますが、店を取るか、外販を取るか、選択せざるを得ませんでした。どちらを選んでも、赤字に転落する可能性があった中で、その時、明るい兆しを感じることができたのは外販だったのです。

外販をはじめたら、皆さんも選択を迫られる時がくるかもしれません。

その時に考えなければならないのは、自分がつくり手の心を伝えるために、どのように行動するかです。

店を外販と両立させる道、個別に展開する道、外販一本に絞る道、どれもつくり手として伝えることは同じです。

進むべき道を決めたなら、迷わず進むしかありません。

私を支えてくれている家族、共同開発者の小野美穂さん、心温かい、多くの生産者の皆さま、お客様に私たちの心を伝えてくださっている販売店の皆さま、応援してくださる友人・知人、そして全国にいらっしゃるベジドレファンの皆さま、言葉にできない嬉しさでいっぱいです。

この本の出版に関しては、古市編集長、そして私の多くの無理難題に笑顔で応えてくださった竹並さん、ありがとうございました。

著者略歴

大瀧政喜（おおたき　まさき）

食品企画・開発プロデューサー
父の赴任先であったフィリピンで生まれ、ロンドンで育つ。オリエント急行に乗り、ヨーロッパ中のレストランでさまざまな料理に出会う、恵まれた環境で幼児期を過ごす。

カフェ ラ・ボエム、アフタヌーンティー、シェ松尾、つばめグリル、サントリージガーバーなど、当時話題の店舗を設計していたイタルデザインとジョイントし、「デザイン」と「食」に没頭する。

その後はインテリアのデザインにとどまらず、グラフィック、パッケージ、ホームページ、アートディレクション、さらにはシステム開発会社を設立し、老舗和菓子屋やブライダル企業の受発注在庫管理システムを構築した。

現在は飲食店をベースに、食品の商品開発と業態開発のコンサルティングを行なっている。多くの生産者とともに商品開発を進め、国内にとどまらず世界規模での販売を試みている。


飲食店は“外販”で稼ごう！

――オリジナル食品を通販・催事で売る方法

平成27年9月29日　初版発行

著　者――大瀧政喜

発行者――中島治久

発行所――同文舘出版株式会社

東京都千代田区神田神保町1-41　〒101-0051
電話　営業03（3294）1801　編集03（3294）1802
振替00100-8-42935
http://www.dobunkan.co.jp/

ISBN978-4-495-53021-1

印刷／製本：萩原印刷

Printed in Japan 2015